U0464479

供电企业专业技能培训教材

配电网
运维与检修

国网武汉供电公司　组编

中国电力出版社
CHINA ELECTRIC POWER PRESS

内 容 提 要

为推进配电网运检水平不断提高，增强专业技术力量，确保人才培养提速，全面适应电网快速发展要求，国网武汉供电公司配电部组织编写本书。

本书共有九章，主要介绍了配电网运维管理基础知识、运维管理、倒闸操作、检修管理、故障处理、运维资料管理及运行分析、设备状态评价、缺陷与隐患管理、设备退役等方面内容，适用于地级、县级两级配电运检相关人员的日常培训及新入职员工上岗培训。

图书在版编目（CIP）数据

配电网运维与检修 / 国网武汉供电公司组编.
北京：中国电力出版社，2024. 12. -- （供电企业专业
技能培训教材）. --ISBN 978-7-5198-9423-8

Ⅰ. TM727

中国国家版本馆 CIP 数据核字第 20246TG287 号

出版发行：中国电力出版社
地　　址：北京市东城区北京站西街 19 号（邮政编码 100005）
网　　址：http://www.cepp.sgcc.com.cn
责任编辑：马淑范（010-63412397）
责任校对：黄　蓓　王小鹏
装帧设计：赵丽媛
责任印制：杨晓东

印　　刷：廊坊市文峰档案印务有限公司
版　　次：2024 年 12 月第一版
印　　次：2024 年 12 月北京第一次印刷
开　　本：710 毫米×1000 毫米　16 开本
印　　张：13
字　　数：231 千字
定　　价：76.00 元

《供电企业专业技能培训教材》

丛书编委会

主　　任　夏怀民　汤定超

委　　员　田　超　笪晓峰　周　晖　沈永琰　刘文超

　　　　　朱　伟　李东升　石一辉　陈　爽

本书编写组

主　　编　朱　伟

副 主 编　李东升　石一辉　朱程雯

编写人员　王　晨　黄晓明　张　敏　卢　晨　吴英杰

　　　　　李思强　汤　卓　李靖雯　李　璐　范读明

　　　　　喻龙海　刘晓云　史纹龙　曹力行　李　航

　　　　　范　海　陈　帆　熊瑞屏　段纪红　董怡浪

　　　　　张钟毓　姜世公　宋甜甜　周　云　蒋浩晨

前言

随着配电网规模不断扩大，供、受电端方式复杂性不断凸显，用户对供电可靠性、电压合格率要求不断提升，社会对配电网精益运维能力、优质服务水平提出了更高要求。

为推进配电网运维管理水平不断提高，增强专业技术力量，确保人才培养提速，全面适应电网快速发展要求，国网武汉供电公司配电部组织编写了本书，全书全面涵盖了 10（20）kV 及以下配电网的运维管理、巡视检查、防护维护、状态评价、检修管理、缺陷隐患处理、故障应对及运行分析等主要环节，还融入了最新的行业标准和公司实践经验，是公司所属各配电运检单位不可或缺的工作指南。通过深入学习本书内容，运维人员能够增强理论知识，显著提升专业技能，支撑公司供电服务质量稳步提升，为公司的长远发展提供强有力的技术支撑和坚实保障。

本书适用于地级、县级从事配电运检相关工作的人员日常培训及新入职员工上岗培训。

本书编写过程中得到了国网武汉长江新区供电公司、汉阳供电中心、蔡甸区供电公司、江岸供电中心、黄陂区供电公司、东新供电公司及人才开发中心等单位领导、同事的大力支持与帮助，在此一并表示真诚的感谢！

由于编写时间和水平有限，书中难免存在疏漏之处，恳请各位专家和读者提出宝贵建议，使之不断完善。

编者

目 录

第一章 配电网运维管理基础知识

配电网运维管理工作中，应规范各部门、各区县公司的工作职责，明确工作界面，本书结合工作实际，特规定了各部门及相关单位的基本职责。

第一节 市级各部门、单位工作职责

一、市公司配电部主要职责

贯彻执行配电网运检管理制度、技术标准和反事故措施，负责制定本单位相关实施细则，负责制定工单驱动运检业务规范。负责本单位配电网状态检（监）测、状态管理、技术监督、缺陷管理、隐患排查治理，全面掌握设备健康状况。负责相关安防、停电避险、防汛、防火等设备运维管理工作及配电网设备检修工作。

编制并上报配电网运检作业仪器仪表、工器具、生产车辆、备品备件等需求计划。实行配网不停电作业专业化管理，编制并实施本单位配网不停电作业工作发展规划和年度计划。负责指导、监督县公司开展配电网故障、缺陷、隐患原因分析，提出防范措施，定期总结经验，提升配电网运检质量。负责疑似家族缺陷信息收集、初步分析、审核及上报，落实家族缺陷排查治理工作要求。

组织开展所属单位配电网运检工作分析总结，掌握本单位配电网运检工作情况，制定措施并组织实施。参与配电网规划方案、业扩报装、分布式电源和多元负荷接入方案审查。负责分布式电源（储能装置）接入技术管理。指导、监督、检查、考核配电网运检管理工作，协调解决管理工作中的问题。

负责审核、参与本单位配电网作业人员技能能力认证。负责贯彻执行上级部门的配电网标准化作业指导书（卡），并根据实际需求补充编制地市配电网标准化作业指导书（卡）。

负责指导、监督和考核公司所属运检单位和区供电公司配电网故障现场抢修工作。负责组织、编制公司配电网故障现场抢修工作总结、分析等工作，制定改进措施。负责公司抢修队伍的建设与管理，组织开展配电网故障现场抢修人员的技能培训。

二、市公司供电服务指挥中心主要职责

负责本单位开展所辖配电网设备状态监测、预警，对设备运行情况进行汇总、分析，生成、派发主动运检工单，并跟踪督办。根据相关工作标准，指挥配电网主动运维及抢修业务开展。负责定期开展所辖区域的配电网设备运维检修工作情况分析，向相关部门提出评价、考核建议，定期编制配电运营管控报表及评价报告。

负责公司抢修类工单、故障研判分析，通知抢修班组进行故障巡查，开展抢修指挥及统计分析等工作。负责做好公司配电网故障抢修停送电信息审核发布工作。负责公司配电网故障抢修指挥工作的监督、检查和考核，为相关管理部门提供分析数据。

三、区县公司运检部（配电网管理部门）主要职责

贯彻执行配电网运维检修管理制度、技术标准和反事故措施，落实相关工作要求；贯彻执行工单驱动业务实施细则。负责开展配电网状态检（监）测、状态管理、技术监督、缺陷管理、隐患排查治理，全面掌握设备健康状况。负责相关安防、停电避险、防汛、防火等设备运维管理工作及配电网设备检修工作。

负责指导、监督配电网运检单位开展配电网故障、缺陷、隐患原因分析，提出防范措施，定期总结经验，提升配电网运检质量。负责疑似家族缺陷信息收集、初步分析、审核及上报，落实家族缺陷排查治理工作要求。

开展配电网运维检修工作专业分析总结，掌握配电网运维检修情况，制定措施并负责实施。指导、监督、检查、考核配电网运维检修管理工作，协调解决管理工作中的问题。

编制并上报配电网检修仪器仪表、工器具、生产车辆、备品备件等需求。

负责本单位配电网设备故障抢修组织协调工作，调配抢修物资和人员。负责本单位配电网抢修梯队的组建和管理。负责本单位配电网故障现场抢修装备、设备、物资的储备、调配、供应工作。组织本单位故障现场抢修人员技能培训。

四、县公司运检单位（含班组、供电所）主要职责

贯彻执行配电网运维检修管理制度、技术标准、反事故措施，落实相关工作要求。承担所辖配电网设备运行维护、缺陷及隐患排查治理、状态检（监）测，全面掌握设备健康状况；承担相关安防、停电避险、防汛、防火等设备运维管理工作；负责配电网设备的日常检修、消缺工作。负责接收、执行供电服务指挥中

心派发的配电网主动运检工单。

开展配电网运检作业仪器仪表、工器具需求提报、送检及维护。提出本单位仪器仪表、工器具、生产车辆、备品备件等需求；承担所辖区域配电网设备验收、生产准备、项目储备、工程属地协调及重要活动保电等工作。

及时开展配电网故障、缺陷、隐患原因分析，提出防范措施，形成技术分析报告。开展疑似家族缺陷信息收集、初步分析及上报，实施家族缺陷排查治理工作。

实施所辖配电网设备的倒闸操作、运行安全措施落实、工作许可和终结等工作。负责配电网设备的故障处置和抢修工作。开展所辖区域配电网运维检修工作分析总结，掌握配电网运维检修开展情况。负责本班组配电网故障的统计、分析工作，落实相关配电网设备反事故技术措施，开展配电网运维检修技术技能培训和经验交流。

开展配电网相关信息系统数据采录、维护等工作；开展不停电作业资料收集、统计和分析；负责运维检修资料收集、整理、完善、录入、保管等工作，解决工作中存在的具体问题。

第二节　配电网运维检修总体原则

一、运维方针与原则

配电网运维工作应贯彻"安全第一、预防为主、综合治理"的方针，严格执行Q/GDW 1799《国家电网有限公司电力安全工作规程》、Q/GDW 1519—2014《配电网运维规程》的有关规定。配电网运维应建立设备主人制，配电线路、设施应有专人负责落实运维岗位责任制，实现配电网状态巡视、停送电操作、带电检测、隐患排查、3m 以下常规消缺等业务高度融合，实行运维一体化管理。配电网运维工作应充分发挥配电自动化与管理信息化的优势，推广应用地理信息系统（GIS 系统）与现场巡视作业平台，并采用标准化作业手段，不断提升运维工作水平与效率。

二、运维管理要求

运维单位应参与配电网的规划、设计审查、设备选型与招标、施工验收及用户业扩工程接入方案审查等工作；根据历年反事故措施、安全措施的要求，结合运维经验，提出改进建议，力求设计、选型、施工与运维协调一致。配电网运维工作应积极推广应用带电检测、在线监测等手段，及时、动态地了解和掌握各类配电网设备的运行状态，并结合配电网设备在电网中的重要程度以及不同区域、季节、环境特点，采用定期与非定期巡视检查（以下简称"巡视"）相结合的方法，确保工作有序、高效。配电网运维工作应推行设备状态管理理念，积极开展设备状态评价，及时、准确掌握配电网设备状态信息，分析配电网设备运行情况，提出并实施预防事故的措施，提高安全运行水平。

三、运维培训与资质要求

运维单位应开展电力设施保护宣传教育工作，建立和完善电力设施保护工作机制和责任制，加强线路保护区管理，防止外力破坏。运维人员应熟悉《中华人民共和国电力法》《电力设施保护条例》《电力设施保护条例实施细则》及《国家电网公司电力设施保护工作管理办法》等国家法律、法规和公司有关规定。配电网运维应具备设备交接验收、巡视及日常运维、带电检测及电缆试验、配电网倒闸操作、配电网二次及自动化专业运维等专业技术能力，掌握配电网设备状况，做好运维工作。配电网管理及运维人员应熟悉本规程。

第三节 配电设备运维分界

一、配电运维区域分界

各配电运检单位维护区域与各单位供电区域相一致，各自负责本单位供电区域内的配电设备运维管理。

二、配电专业与其他专业管理分界

1. 配电专业与变电专业管理分界点

（1）变电站 10（20）kV 进出线电缆通道。以变电站的院墙（无院墙的以房屋外墙）外沿为界。自分界点向变电侧的电缆通道，由变电专业维护；自分界点向 10（20）kV 线路侧的电缆通道，由配电专业负责维护。

（2）从变电站开关柜出线的 10（20）kV 电缆线路。以出线开关柜内电缆出线电缆头的搭接点为分界点。自分界点向配电线路侧的设备由各属地配电专业负责维护，桩头螺栓及电缆头属于配电专业管理。

（3）从变电站穿墙套管出线的 10（20）kV 架空线路。以穿墙套管线路连接点向线路侧 1m 为分界点。自分界点向变电站一侧由变电专业维护，向线路侧由配电专业维护。

2. 配电专业与输电专业管理分界点

（1）架空线路。敷设于输电线路杆塔上的 10（20）kV 及以下电压等级的配电线路，以配电线路横担与杆塔的连接点为分界点。自分界点向配电线路侧的全部设备（含横担连接点）由各配电专业维护，自分界点向输电线路侧的全部设备由输电专业维护。

（2）电缆线路。所有输电专用电缆通道或输配电共用电缆通道，以电缆通道中有一侧没有输电电缆的工井为分界点。自分界点向配电专用电缆通道的全部设备由配电专业维护。自分界点（含工井）向输电专用电缆通道、输配电共用电缆通道侧的全部设备由输电专业维护。

三、配网单位与其他单位管理分界点

1. 配网单位与信通分公司分界点

配电终端箱、配电自动化终端由各属地配电网单位负责运维，以配电自动化终端网口为界，网口后网线、通信终端、光缆、站端设备由信通分公司负责运维。配电自动化相关的通信通道由信通分公司负责运维，配电网单位负责通道安全巡视。

2. 配电网单位与路灯管理服务中心管理分界点

路灯 10（20）kV 架空线路以台架式路灯变压器 10（20）kV 引下线接点为分界点，自接点及以下部分（包括无高压线路的台架副杆）由路灯管理服务中心负责维护。自分界点护线环及以上 10（20）kV 架空线路由配电网单位负责维护。

路灯 10（20）kV 电缆线路以电缆与路灯变压器高压桩头搭接点为分界点。自分界点以上 10（20）kV 电缆及路灯变压器引线由配电网单位负责维护，自分界点以下路灯变压器及低压设备由路灯管理服务中心负责维护。

路灯户外环网箱及其外壳基础等附属设施由配电网单位负责维护；路灯箱式变压器高压单元由配电网单位维护，路灯变压器本体、变压器室、低压室、箱式变压器外壳基础、接地装置等附属设施由路灯管理服务中心维护。

单独路灯专用配电室建筑物由路灯管理服务中心负责维护管理，带路灯变压器的开闭所、公用配电室建筑物由配电网单位负责维护。

3. 配电网单位与用户管理设备管理分界点

10（20）kV 及以下电压等级的用户，以变电站全电缆出线的，以出线开关柜内电缆出线电缆头的搭接点为分界点。自分界点向用户侧的全部设备由用户维护。

10（20）kV 及以下电压等级的用户，由公用架空线路供电的，以用户厂界外第一基杆塔的耐张线夹电源侧 1m（或以跌落式熔断器、隔离开关或柱上断路器）为分界点；由架空线 T 接电缆供电的，以 T 接杆的跌落式熔断器、隔离开关或柱上断路器为分界点。自分界点向用户侧的全部设备由用户维护。自分界点向电源侧的全部设备（含跌落式熔断器、隔离开关或柱上断路器）由配电网单位维护。

10（20）kV 及以下电压等级的用户，以开关站、配电室、环网柜（电缆分接箱）间隔全电缆出线的，以开关柜内电缆出线电缆头的搭接点为分界点。自分界点向用户侧的全部设备由用户维护。

用户电缆线路通过公司电缆通道的，电缆通道由电缆运检室或各属地配电运检单位维护。

与供电企业签订代维协议的用户，其管理分界点和维护责任按代维协议执行。

380V 及以下电压等级的用户，接户线以电缆敷设的以电能表为分界点，表前由配电运检单位维护；接户线按架空敷设的以接户线最后支持物为分界点，支持物前（含支持物）由配电运检单位维护。

第四节　设备主人制

一、总体要求

按照省市公司管理要求，通过贯彻落实设备主人制，进一步加强电网设备管理，强化设备管理主人意识，健全管理责任到人长效机制，完善从运维班组到省公司设备管理部贯通的生产管理体系，做到"每台设备有人负责，每个隐患有人跟踪，每项工作有人落实"，从工程项目可研初设开始至设备报废退运全过程，全面提高设备质量和设备精益化管理水平，进一步强化运维阶段现场安全文明管控。

二、设备主人资格要求

（1）设备主人应具备初级及以上专业技术资格或初级工及以上技能等级。

（2）从事相关专业一年以上。

（3）熟知所辖设备的工作原理、结构特点、性能指标、运维要领、检修工艺、试验标准，能独立完成相应设备的运行规程、应急预案、维护作业指导书和典型操作票的编写工作，完成巡视、倒闸、带电检测、故障查找、抢修组织、验收送电等工作。

三、设备主人责任区域划分原则

原则上不改变现行配电运维班组和供电所架构及维护范围，以一条线路（线段）作为责任划分单元（含通道，多电缆线路共通道由班组长进行界面划分），综合评估线路设备工作量、健康度、重要度（线路评级每年一次），结合班组人员技能水平，在班组内部通过指派和个人认领相结合等方式明确每条线路的设备主人，其中班组（供电所）班组长应兼任设备主人。所有线路及设备均应落实责任主体，做到不交叉重叠、不遗漏。

配电运检班、供电所设备主人职责：维护范围从变电站开关柜内 10/20kV 出线搭接点至变压器低压桩头（含电缆通道），具体参见 2020 版《武汉供电公司配电网运维工作规范》。根据《国网湖北省电力有限公司关于优化供电服务指挥体系的指导意见》（鄂电司人资〔2021〕43 号）规定，设备主人除负责以上范围设备的运维检修抢修工作外，还应承担变压器低压桩头后端至计量表箱前端的低压配电网设备检修、抢修工作。

四、设备主人工作职责

（1）设备主人是对所辖电网设备、设施履行运维管理职责的第一负责人，负责设备巡视、维护、检修、试验等工作的监督执行。

（2）负责所辖设备档案的正确性和完整性，负责协助建立、完善及更新所辖设备及运行数据（同源数据、GIS 数据，PMS 台账，三图一表，运行分析，设备合格证、说明书、图纸、安装记录、试验报告、修试报告等资料）。

（3）负责所辖设备巡视、维护等工作的组织执行和检修、试验等工作的跟踪督办，定期核实设备是否按照周期进行巡视维护、例行试验。

（4）负责缺陷、隐患等异常状态设备的跟踪和流程管理，对严重及以上的缺陷、隐患，及时向班组长报送，并督促及时进行处理。

（5）负责协助进行所辖设备的项目储备管理，配合编制网改、技改大修计划和专项成本项目。负责所辖设备新扩建、技改大修、应急抢修工作的安全管理、质量控制及验收。

（6）负责所辖设备运行分析、故障分析、异常状态监测等技术管理工作。参加所管辖设备事故、障碍和异常的调查、分析与处理，提出设备反事故意见和建议，督促所管辖设备反措的执行。

（7）负责所辖设备防外破宣传管控及危险源监控等工作。负责所辖设备的文明生产，确保站房卫生整洁、标识规范齐全、运行提示醒目有效。

（8）负责完成上级单位部门、班组长安排的其他工作。

五、考核评价

（1）设备主人制工作质量按日常运维工作质量、设备缺陷故障处理、投诉、异常配电变压器、验收情况等类别进行考核，班组按月对设备主人的工作情况进行检查、打分、考核，考核结果上报区县公司绩效管理专责纳入绩效考评。区县公司运检部（生技科）对班组线路巡视及维护质量全过程监督，严格审查每条线路的运维质量及缺陷情况，考评结果纳入班组月度绩效考核。市公司配电部根据运维奖惩办法对线路故障、异常配电变压器、基础数据维护等重点考核项直接考核到设备主人。

（2）各区县公司绩效管理专责指导班组制定班组绩效细则，班组应以年度、季度、月度为周期对设备主人进行排序打绩效，对于年度绩效评价中排在班组最末尾的，且经区县公司认定不能胜任设备主人的，应取消设备主人资格，将维护设备转至其他设备主人，安排其他辅助性工作；对于表现突出、技能水平高、意愿强的非设备主人，经区县公司考核合格，可擢升为设备主人；设备主人维护线路应每年1月集中调整一次，年中因维护设备量变化、人员调整需要变更设备主人的，应由班组长指派设备主人。

六、设备主人划分典型案例

1. 线路分级

各班组通过自动化覆盖率，线路长度，设备、跳闸、异常配电变压器、投诉、重要用户数量等维度对线路进行打分评级，总得分按照从高到低划分为 A（优）、B（良）、C（差）三档（三档各占 1/3），线路分级原则见表 1-1。

表 1-1　　　　　　　　　　线路分级原则

序号	线路（线段）评级分类	评级标准	评级得分	线路（线段）评级
1	实现自动化实用化覆盖	覆盖，0 分； 未覆盖，−10 分	a	线路评级由各班组打分，运检部（生技科）审核后，各班组根据辖区线路评级总得分进行评级，得分在前 33%的线路评级为 A 级（优）、33%～66%的为 B（良）、66%之后的为 C（差）
2	线路总长（5、10、20km）	<5km，0 分； <10km，−5 分； <20km，−10 分； >20km，−15 分	b	
3	开闭所、配电室、环网箱、箱式变压器、柱上变压器数量	开闭所、配电室数量 N，$-1 \times N$ 分； 环网箱、箱式变压器、柱上变压器数量 M，$-0.3 \times M$ 分	c	
4	电缆通道按 1、2、5km 分类	<1km，0 分； <2km，−5 分； <5km，−10 分； >5km，−15 分	d	

续表

序号	线路（线段）评级分类	评级标准	评级得分	线路（线段）评级
5	2020—2021年跳闸情况	主线故障次数 N，$-4×N$分；分支故障次数 M，$-1×M$分，-50分封顶	e	
6	2021年低电压、重过负荷情况	低电压台区数量 N，$-2×N$分；重过负荷台区数量 M，$-1×M$分，-30分封顶	f	
7	2010—2021年投诉情况	投诉次数 N，$-4×N$分，-28分封顶	g	
8	重要（敏感）用户数量	重要（敏感）用户 N，$-3×N$分，-15分封顶	h	
总得分			100+a+b+c+d+e+f+g+h	

2. 线路包分配

如某班组维护 20 条线，班组共 10 人，线路分级完成后完成线路包分配（见表 1-2），分包建议按照以下三种方式进行：第一种方式为参照目前班组内各班员维护范围，将线路按设备主人数量分成相应线路包，由设备主人按照先女后男、年龄从大到小顺序认领线路包，班组长最后选择；第二种方式为结合目前各班组人员的维护范围由班组长直接指派；第三种方式为由设备主人自由认领线路，剩余未认领的由班组长认领。

3. 月度绩效考核

线路分包完成后，由区县绩效专责指导班组制定班组设备主人绩效细则，其中主要包含两个方面：一是设备主人维护设备量得分，该项应达到班组绩效权重的 20%～40%，分值按照维护线路设备量得分（A、B、C 级线路标准得分分别为30 分/条、50 分/条、70 分/条，如各单位情况不同，可自行为线路定分值），分数自动计算。二是设备运维质量得分，这部分所占权重及打分细则由各单位自定，由班组长打分。

如班组内部绩效中设备维护量得分占 30%权重，当月班组总的绩效工资为100000 元，那么设备维护量绩效工资=100000×30%=30000 元。另 70000 元绩效工资由班组长根据绩效考核细则其他条款分配。

个人设备量绩效工资=设备主人维护得分/班组总维护线得分×30000×分配比例（如两人维护，按照两人所占比例分配；如单人维护，分配比例为 1），其中周××因为未维护设备，不属于设备主人，该项绩效工资为 0 元，具体金额见表1-2。

表 1-2　线路打分、分包及绩效考核举例

序号	线路（线段）评级分类	评级标准	线1	线2	线3	线4	线5	线6	线7	线8	线9	线10	线11	线12	线13	线14	线15	线16	线17	线18	线19	线20
1	实现自动化实用化覆盖	覆盖，0分；未覆盖：-10分	0	0	-10	-10	0	-10	0	0	0	-10	-10	0	-10	-10	0	0	0	-10	0	0
2	线路总长5、10、20km	<5km，0分；<10km，-5分；<20km，-10分；>20km，-15分	0	-15	0	0	-15	-5	-10	-10	0	-10	-5	-15	0	-10	-5	0	-10	-5	-5	-5
3	开闭所、配电室，环网箱、箱式变压器，柱上变压器数量	开闭所、配电室、环网箱、箱式变压器数量N，-1×N分；柱上变压器数量M，-0.3×M分	-2.1	-1.4	-4.2	-9	-2.1	-3	-2.1	-6.6	-7.9	-2.6	-4.2	-7.8	-9	-3.8	-6.5	-2.6	-6.5	-2.1	-6.6	-6
4	电缆通道按1、2、5km分类	<1km，0分；<2km，-5分；<5km，-10分；>5km，-15分	0	0	-15	-5	-15	-5	-15	-10	-5	-10	0	-10	-10	-10	-5	-5	0	0	-15	0
5	2020—2021年跳闸情况	主线故障次数N，-4×N分；分支线故障次数M，-1×M分，-50分封顶	-8	-15	-22	-15	-6	-25	0	-25	-36	-36	-20	-36	-12	-22	-15	-20	-15	-22	-17	-20
6	2021年低电压、重过负荷情况	低电压台区数量N，-2×N分；重过载台区数量M，-1×M分，-30分封顶	-5	-3	-18	-6	-14	-12	-17	-17	-5	-13	-17	-5	-5	-13	-8	-5	0	-25	-8	-22
7	2010—2021年投诉情况	投诉次数N，-4×N分，-28分封顶	-4	-28	-28	-24	-4	-12	-8	-20	-24	-4	-16	-8	-24	-24	-20	-12	-16	-20	-28	-20
8	重要（敏感）用户数量	重要（敏感）用户N，-3×N分，-15分封顶	-3	-15	-6	-15	-12	-3	-12	-12	-9	-12	-9	-12	-3	-15	-15	-6	-3	-15	-12	-9
	线路质量总得分		77.9	22.6	-3.2	16	31.9	25	47.9	-0.6	13.1	2.4	18.8	-3.8	37	-7.8	25.5	49.4	49.5	0.9	8.4	18
	线路质量排序		1	9	18	12	6	8	4	17	13	15	10	19	5	20	7	3	2	16	14	11
	线路级别		A	B	C	B	A	B	A	C	B	C	B	C	A	C	A	A	A	C	B	B
	线路级别得分		30	50	70	50	30	50	30	70	50	70	50	70	30	70	30	30	30	70	50	50
	所属设备主人		王××、孙××（各占50%）				吴××、史××（各占50%）					朱××			熊××		彭××		季××		罗××	周××
	设备主人月工资中维护量设备量部分		王××、孙×× 各3061元				吴××、史×× 3520元					5816			3979		918		3061		3061	0
	个人当月绩效工资得分		3061	200				230				190			130			30	100		100	0

第二章 配电网运维管理

第一节 生产准备及验收

一、一般要求

配电网建设改造应按照"五同步"工作要求，实现配电一、二次及通信设备同步储备、同步设计、同步施工、同步调试、同步投运。各级配电网管理部门应提前介入配电网工程前期工作，及时掌握配电网设备、材料的入厂监造、出厂验收、关键试验及抽检情况，不合格的设备、材料一律不得在工程中使用。

运检单位应根据工程施工进度，按实际需要完成生产装备、工器具等运维物资的配置，收集新投设备详细信息、基础数据与相关资料，建立设备基础台账，完成标识标示及辅助设施制作安装的验收，做好工器具与备品备件的接收。

二、生产准备

运检单位应参与配电网项目前期可研报告、初步设计的技术审查，落实技术标准和反措要求。

1. 可研报告的主要审查内容

（1）应符合 DL/T 599—2016《中低压配电网改造技术导则》、Q/GDW 370—2009《城市配电网技术导则》、Q/GDW 382—2009《配电自动化技术导则》等技术标准要求。

（2）应符合电网现状（变电站地理位置分布、现状情况及建设进度、供区负荷情况、变压器容量、无功补偿配置、供电能力等）。

（3）应采用合理的线路网架优化方案，满足供电可靠性、线损率、电压质量、容载比、供电半径、负荷增长等管理要求。

（4）应采用合理的工程建设方案，尽量统一主设备参数，减少设备种类。

2. 初步设计的主要审查内容

（1）应符合项目可行性研究批复。

（2）线路路径应取得市政规划部门或土地权属单位盖章的书面确认。

（3）应符合 GB 50052—2009《供配电系统设计规范》、GB 50053—2023《20kV 及以下电气站设计》、GB 50217—2018《电力工程电缆设计标准》、DL/T 601—1996《架空绝缘配电线路设计技术规程》、DL/T 5220—2021《10kV 及以下架空配电线路设计规范》等标准及国网典型设计要求。

（4）设备、材料及措施应符合环保、气象、环境条件、运行方式、安措反措等要求。

3. 工程投运前的主要资料审查

（1）规划、建设等有关文件，与相关单位签订的协议书。

（2）设计文件、设计变更（联系）单，重大设计变更应具备原设计审批部门批准的文件及正式修改的图纸资料。

（3）工程施工记录，主要设备的安装记录。

（4）隐蔽工程的中间验收记录。

（5）设备技术资料（技术图纸、设备合格证、使用说明书等）；设备试验（测试）、调试报告；设备变更（联系）单。

（6）电气系统图、土建图、电缆路径图（含坐标）和敷设断面图（含坐标）等电子及纸质竣工图。

（7）工程完工报告、验收申请、施工总结、工程监理报告、竣工验收记录。

（8）现场一次接线图；各类标识标示；必备的各种备品备件、专用工具和仪器仪表等；安全工器具及消防器材。

（9）新设备运维培训。

（10）完成竣工资料收集、整理与保存工作。

（11）所有试验数据均符合规程要求。

（12）具备保护（控制）功能的开关类（含负荷开关、用户分界负荷开关及低压开关）设备，应完成定值计算、定值设定、保护传动验收等工作。

（13）具备自动化功能的设备，应完成自动化联调、"越限"定值计算、定值设定、传动及自动化系统传动验收等工作。

（14）配电自动化配套建设的通信系统应验收合格，光纤线路、通信设备及通信系统电源验收合格，自动化终端设备与通信系统连接正确并上线。

（15）设备运行编号、台账、电气接线图、试验报告等信息录入相关设备资产精益管理系统（同源系统、PMS3.0 系统等），主站自动化图模数据合格。

三、验收管理

运检单位应提前介入工程改造方案和审查设计变更申请，提出运维管理要求，掌握工程进度，参与工程各阶段验收。用户接入工程、配电网技改及大修工程、市政迁改工程、变电站配套工程及用户设备移交均应进行验收。

1. 验收分类

按工程进度分类，包括土建验收、设备到货验收、中间验收（隐蔽工程验收）、交接验收、竣工验收。按验收对象分类，包括架空线路工程类验收、电力电缆工程类验收、站房工程类验收、配电自动化工程验收等。涉及用户移交的设备，在验收合格并签订移交协议后统一管理。

2. 验收职责划分

设备供应单位负责提供设备相关资料、图纸及配件，配合各阶段验收、送电等工作。设备安装、调试单位应参加配电网项目实施各阶段验收工作，对不合格项负责限期整改，并根据施工合同在质保期内对质量问题负责处理。运检单位应根据规定，结合验收工作具体内容，按计划做好验收工作。执行"一次验收，一次整改"和"零缺陷送电"的原则，即验收意见一次性集中提出，验收整改一次性解决，设备零缺陷投入运行。同一工程项目验收及复检人员原则上保持相同。

3. 验收注意事项

（1）验收工作重点检查工程是否符合设计图纸要求，工程建设资料、施工安装记录和试验报告是否齐全，设备性能、安全设施及防护装置等是否符合要求。验收中发现的缺陷及隐患，应由检修、施工单位在投运前处理完毕。

（2）运检单位在用户接入工程、配电网技改及大修工程、市政迁改工程、变电站配套工程施工阶段，应有专人负责搜集、整理相关资料，编制新设备现场运行规程；完工后，运检单位应及时掌握并记录设备变更、试验、检修情况以及运行中应注意的事项，现场验收确认设备合格、资料齐全、手续完备、同源系统等信息化系统已录入的情况下，予以投入运行。

（3）在工程投运前验收相关的标志标识，确保完好、齐全、清晰、规范，装设位置明显、直观。配电网设备及通道标识规范应按照公司相关技术规范要求执行，同一调度权限范围内，设备名称及编号应保持唯一。

（4）验收和试验发现的问题要及时进行记录、分析、汇总，并于当天将验收意见书面反馈客户经理或其他验收总负责人，督促相关单位对验收中发现的问题进行整改并进行复验。验收通过后，各验收单位（部门）在验收报告中进行签字认证，并加盖单位（部门）印章。

（5）工程实施中间检查和竣工验收时，若需要对现场设备进行操作的，检查人员不得替代施工方操作。施工方应按规定做好各项安全措施。

四、生产各环节验收标准

1. 到货验收

设备到货后，运检单位应参与设备到货验收，即按照相关规定对现场物资进行验收，对验收合格的设备建立资料台账并存档，主要包括架空类设备、开关柜类设备、环网类设备、密集母线类设备。

（1）架空类设备到货验收内容：主要涉及基础资料、杆塔、横担、绝缘子及附件、架空线、柱上变压器、柱上断路器等验收项目，具体验收标准要求见表2-1所示。

表 2-1　　　　　　　　架空类设备到货验收标准

序号	验收项目	验收标准要求
1	基础资料	一般要求：现场设备与设计图、竣工图相符，满足技术规范要求，设备参数与设计图、变更单等资料一致
2		出厂资料：厂家资质证明、出厂合格证、使用说明、出厂试验资料、铭牌数据齐全
3		相关的操作工具（如操作把手等专用工具）、备品备件及清单齐全
4	杆塔	钢筋混凝土电杆表面光洁平整，壁厚均匀，无露筋、漏浆、掉块等现象
5		普通环形钢筋混凝土杆杆身应无纵向裂纹，横向裂纹宽度不应超过0.1mm，其长度不允许超过周长的1/3
6		预应力混凝土电杆（含部分预应力型）杆身应无纵、横向裂纹
7	横担	横担及附件应热镀锌，锌层应均匀，无漏锌、锌渣、锌刺；不应有裂纹、砂眼及锈蚀，不得采用切割、拼装焊接方式，不得破坏镀锌层
8	绝缘子及附件	本体：绝缘子瓷釉光滑，无裂纹、缺釉、斑点、气泡等缺陷；瓷件及铁件组合无歪斜现象，且结合紧密、牢固；铁件镀锌良好，螺杆及螺母配合紧密；弹簧销、弹簧垫的弹力适宜
9		附件：黑色耐火阻燃绝缘护罩应平整光滑，色泽均匀，无裂纹、缺损、凹陷、气泡等，搭扣扣合紧密；绝缘自黏带应表面平整，厚度宽窄一致，自融合不易剥离

续表

序号	验收项目	验收标准要求
10	架空线	导线不得有磨损、断股、扭曲、金钩等现象
11	柱上变压器	外壳：不得脱漆、锈蚀；不得有漏油或渗油现象；铭牌及其他标志应完好
12		储油柜：外观清洁；油温、油色、油面应正常；油标不得出现堵塞、破裂和松动现象
13		套管：高低压套管表面应光洁、无裂纹和放电痕迹、大盖和套管各部螺栓应紧固
14		电气试验：绝缘电阻测量、直流电阻测量、变比测量、接线组别、工频耐压合格
15		分接开关：调整应灵活、接触良好、无卡阻现象
16	柱上断路器	外观：断路器进出线套管应完整无损；不得有油污、烧伤、松动现象；铭牌及其他标志应完好
17		电气试验：柱上断路器、避雷器的绝缘电阻测量、工频耐压等试验应合格
18		分合试验：分合闸操作应灵活，刀刃接触应紧密

（2）开关柜类设备到货验收内容：主要涉及基础资料、高压开关柜、低压开关柜、接地等验收项目，具体验收标准要求见表 2-2。

表 2-2　　　　　　　　　**开关柜类设备到货验收标准**

序号	验收项目	验收标准要求
1	基础资料	一般要求：现场设备与设计图、竣工图相符，满足技术规范要求，设备参数与设计图、变更单等资料一致
2		出厂资料：厂家资质证明、出厂合格证、使用说明、出厂试验资料、铭牌数据齐全
3		铭牌：应包括制造商名称或商标、制造年月、出厂编号、产品型号、额定电压、母线和回路的额定电流、额定频率、额定短路开断电流、额定短时耐受电流及持续时间、额定峰值耐受电流、内部电弧等级
4		工器具：相关的操作工具（如操作把手等专用工具）、备品备件及清单齐全
5	高压开关柜	外观：柜体无裂痕、凹陷及破损、锈蚀；柜壁无凝露、锈蚀
6		结构：开关柜应分为断路器室、母线室、电缆室和控制仪表室等金属封闭的独立隔室，其中断路器室、母线室和电缆室均有独立的泄压通道
7		最小空气间隙：纯以空气作为绝缘介质的开关柜，相间和相对地的最小空气间隙应满足：12kV：相间和相对地 125mm，带电体至门 155mm。24kV：相间和相对地 180mm，带电体至门 210mm
8		绝缘隔板：绝缘隔板应选用耐电弧、耐高温、阻燃、低毒、不吸潮且具有优良机械强度和电气绝缘性能的材料
9		热缩绝缘材料：开关柜内导体采用的热缩绝缘材料老化寿命应大于 20 年，并提供试验报告
10		观察窗：应使用机械强度与外壳相当的透明板，同时应有足够的电气间隙和静电屏蔽措施，防止危险的静电电荷
11		柜内照明：开关柜内电缆室和二次控制仪表室应设置照明设备

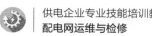

序号	验收项目	验收标准要求
12	高压开关柜	"五防":开关柜应具有可靠的"五防"功能,即防止误分、误合断路器;防止带负荷分、合隔离开关(插头);防止带电分、合接地开关;防止带接地开关送电;防止误入带电间隔
13		防护等级:在开关柜的柜门关闭时防护等级应达到 IP4X 或以上,柜门打开时防护等级达到 IP2X 或以上
14		真空断路器:真空断路器应采用操动机构与本体一体化的结构。真空灭弧室允许储存期不小于 20 年,出厂时灭弧室真空度不得小于 $1.33×10^3$Pa。在允许储存期内,其真空度应满足运行要求
15		SF$_6$断路器:SF$_6$气体应符合 GB/T 12022—2006《工业六氟化硫》的规定,应提交新气试验的合格证书;断路器应装设合适的气体抽样阀
16		手车:手车推拉灵活轻便,无卡阻、碰撞现象,相同型号的手车应能互换;手车推入工作位置后,动、静触头接触应严密、可靠;手车和柜间的二次回路连接插件应接触良好;安全隔离板开启灵活,随手车的进出而相应动作
17	低压开关柜	外观:柜体无裂痕、凹陷及破损、锈蚀,柜壁无凝露、锈蚀
18		防护等级:柜体防护等级不小于 IP30,地板和墙壁均不能作为壳体的一部分
19		电气净距:间相及相对地之间,≥20mm
20		抽屉:层高分为 1 单元、2 单元、4 单元三个尺寸系列。单元回路额定电流 630A 及以下。抽屉改变仅在高度尺寸上变化,其宽度、深度尺寸不变。相同功能单元的抽屉具有良好的互换性
21		断路器:应与设计及招标文件一致,且至少满足: 额定电压 660V、额定极限分断能力 50kA(塑壳断路器)/65kA(框架断路器); 额定绝缘电压 690V(塑壳断路器)/1000V(框架断路器); 额定冲击耐受电压 8kV(塑壳断路器)/12kV(框架断路器); 断路器不应带失压脱扣器
22	接地	母线须为扁铜排,并接至变电站接地系统,所有需要接地的设备和回路须接于此排
23		每个开关柜的外壳应通过专门的接地点可靠接地,接地回路应满足短路电流的动、热稳定要求
24		接地点的接触面和接地连线的截面积应能安全地通过故障接地电流。紧固接地螺栓的直径不得小于 12mm。接地点应标有接地符号

(3)环网类设备到货验收内容:主要涉及基础资料、通用检查、箱式变压器等验收项目,具体验收的标准要求见表 2-3。

表 2-3　　　　　　　　　　环网类设备到货验收标准

序号	验收项目	验收标准要求
1	基础资料	一般要求:现场设备与设计图、竣工图相符,满足技术规范要求,设备参数与设计图、变更单等资料一致
2		出厂资料:厂家资质证明、出厂合格证、使用说明、出厂试验资料、铭牌数据齐全

续表

序号	验收项目	验收标准要求
3	基础资料	铭牌：应包括制造商名称或商标、制造年月、出厂编号、产品型号、额定电压、母线和回路的额定电流、额定频率、额定短路开断电流、额定短时耐受电流及持续时间、额定峰值耐受电流、内部电弧等级
4		工器具：相关的操作工具（如操作把手等专用工具）、备品备件及清单齐全
5	通用检查	箱体：材质、颜色、防腐、防护等级符合技术条件，各平面内外应平整清洁、无裂纹、无划痕、无变形、铭牌字迹清楚，门应有密封措施
6		箱顶：顶部及门缝隙等无雨水渗入，箱式变压器内外涂层完整、无损伤，有通风口的风口防护网完好，焊接构件的质量符合要求
7		箱门：箱体各门开启、关闭灵活，开启不小于90°，并有定位装置，门上应装锁并有永久防雨水装置
8		结构：开关柜应分为断路器室、母线室、电缆室和控制仪表室等金属封闭的独立隔室，其中断路器室、母线室和电缆室均有独立的泄压通道
9		绝缘隔板：绝缘隔板应选用耐电弧、耐高温、阻燃、低毒、不吸潮且具有优良机械强度和电气绝缘性能的材料
10		热缩绝缘材料：柜体内部导体采用的热缩绝缘材料老化寿命应大于15年，并提供试验报告
11		观察窗：应使用机械强度与外壳相当的透明板，同时应有足够的电气间隙和静电屏蔽措施，防止危险的静电电荷
12		"五防"：开关间隔应满足"五防"功能要求
13		操动机构：传动机构系统灵活、动作正确到位、指示正确，试操作三次以上无异常
14		接地：各接地点、部位、连接方式符合要求，接地电阻符合要求
15		气压：气压在合格范围内
16	箱式变压器	档位：油浸变压器的电压切换装置及干式变压器的分接头位置放至正常电压挡位
17		变压器：变压器油位正常、各连接点线夹选用、紧固符合要求，绝缘防护罩齐全，箱式变压器内连接高压电缆符合要求
18		箱壳内的高、低压室设照明灯具、变压器室散热、温控装置、防潮、防凝露的技术措施齐全。开关操动机构、指示、闭锁符合要求

（4）密集母线类设备到货验收内容：主要涉及绝缘固定件的选用及安装、结构、喷塑层、电镀层、铭牌及资料、母线导线与布线、电气间隙、爬电距离、保护接地连续性、机械操作试验、工频耐压试验、绝缘电阻、接地装置等验收项目，具体验收的标准要求见表2-4。

表2-4 密集母线到货验收标准

序号	验收项目	验收标准要求
1	绝缘固定件的选用及安装	元器件选用应符合设计要求
2		所选用绝缘固定件必须是具有生产许可证的产品或具有3C标志的产品，绝缘件阻燃性好、强度要求好、绝缘性能好，安装整齐美观，牢固可靠，不得有破损等现象
3		元器件应安装牢固，标注有与图纸一致的清晰的标号

续表

序号	验收项目	验收标准要求
4	结构	箱壳及结构尺寸应符合条例、图纸要求
5		壳体焊接牢固，焊缝光洁、均匀，焊皮应清除干净
6		零部件的边缘和开孔处无明显毛刺及裂口
7	喷塑层	喷塑粉膜色泽一致、均匀，无皱纹、泪痕、透底漆等缺陷
8	电镀层	不允许有起皮、脱落、发黑、生锈及划伤现象
9	铭牌及资料	铭牌应固定平整，内容齐全并应符合标准要求，随产品出厂的图纸、说明书、合格证及工器具（如附件、锁扣或专用工具）等应齐全、完好
10	母线导线与布线	母线弯曲处不准有明显裂纹，母线表面不应有明显的锤痕、凹坑等缺陷，搭接面平整光洁、自然吻合，连接紧密可靠并有防松装置。母线截面大小应符合相应电流等级的要求，母线搭接面应平整光洁，不允许有污物及漆雾
11		电路接线应连接紧密、接触良好、整齐美观
12	电气间隙	≥8mm
13	爬电距离	≥10mm
14	保护接地连续性	主接地端子与母线槽（插接箱）侧板没有涂层处任意一点间的电阻不得超过0.1Ω
15	机械操作试验	插接箱的插接头插入带分接装置的母线干线单元时，与母线槽的机械连接应牢固可靠，电气接触应良好，其结构应使其易于插入和拔出，应保证插 5 次后仍能正常工作，操动机构操作 50 次后仍应灵活、可靠
16	工频耐压试验	母线槽相间及相对地之间 3750V/s、插接开关箱相间及接地之间 2500V/s，无击穿、闪络现象，时间 1min
17	绝缘电阻	相间：≥500MΩ；铜排与外壳之间：500MΩ
18	接地装置	需接地的部位应保持良好的接地连续性，总接地处应有接地标志，接触面无底漆、无锈蚀

2. 中间验收

运检单位应参与工程中间验收，即针对隐蔽工程（杆塔基础、电缆通道、站房等土建工程）完工、土建施工完毕等关键环节进行的验收。

中间验收应通过查验工程实物质量和工艺，查看施工记录、监理记录、试验报告等方法进行。当对相关实物质量、记录、报告等有疑问时，可采取询问、查证等方式，必要时可安排现场试验。

中间验收过程中发现隐蔽工程存在影响电气设备安装质量等缺陷时，施工方应立即消缺，运检单位予以指导。施工方在未完成缺陷整改前，不得开展后续电气施工。

（1）架空类设备中间验收内容：主要涉及杆塔、拉线、接地等验收项目，具体验收的标准要求见表 2-5。

表 2-5   架空类设备中间验收标准

序号	验收项目	验收标准要求
1	杆塔	埋深：埋深应不小于：10m 杆埋深 1.7m；12m 杆埋深 1.9m；15m 杆埋深 2.3m（有拉线为 2.5m）；18m 杆埋深 2.8m
2		直线杆组立：电杆组立应垂直，横向位移不应大于 50mm；电杆的倾斜不应使杆梢的位移大于杆梢直径的 1/2
3		转角杆组立：应向外角预偏，紧线后不应向内角倾斜，向外角的倾斜不应使杆梢位移大于杆梢直径
4		终端杆组立：应向拉线侧预偏，紧线后不应向拉线反方向倾斜，拉线侧倾斜不应使杆梢位移大于杆梢直径
5		双杆组立：双杆立好后应正直，双杆中心与中心桩之间的横向位移不大于 50mm，两杆间高低差不大于 20mm，根开不大于±30mm
6	拉线	符合设计要求，拉盘埋深应足够，并留有防沉台，拉棒与拉盘应垂直，外露 500～700mm
7	接地	接地预埋：接地预埋部分及接地体引出线的垂直部分应采用镀锌接地体，焊接处应涂防腐漆
8		接地搭接：接地装置的连接应牢靠，采用搭接焊时，应符合：扁钢的搭接长度应为其宽度的 2 倍，四面施焊；圆钢的搭接长度应为其直径的 6 倍，双面施焊；圆钢与扁钢连接时，其搭接长度应为圆钢直径的 6 倍

（2）电缆类设备中间验收内容：主要涉及电缆沟（井）、电缆支架、排管、电缆孔洞等验收项目，具体验收的标准要求见表 2-6。

表 2-6   电缆类设备中间验收标准

序号	验收项目	验收标准要求
1	电缆沟（井）	电缆沟的尺寸应符合设计要求
2		材料：内外壁均以 20mm 厚 1：2 砂浆（掺入水泥重量 5%的防水剂）光面，钢筋的保护层厚度不小于 30mm，外露铁件均需作热镀锌防腐
3		防水：应满足防止外部进水、渗水的要求
4		盖板：电缆沟盖板的材质可采用现浇钢筋混凝土、有机树脂复合材质；现浇钢筋混凝土盖板侧面应用扁铁进行封边
5		排水：电缆井内应设有积水坑，实现排水畅通
6	电缆支架	材料：支架钢材应平直，无明显扭曲，切口应无卷边、毛刺
7		焊接：支架焊接应牢固，无显著变形。各横撑间的垂直净距与设计偏差不应大于 5mm
8		强度：电缆支架的强度，应满足电缆及其附件荷重的安全维护的受力要求
9		防腐：金属电缆支架应进行防腐处理
10		安装：电缆支架应安装牢固，横平竖直，托架支吊架的固定方式应满足设计要求
11		间距：电缆支架最上层至沟顶距离为 150～200mm，上下层支架净距不得小于 200mm；最下层至沟底距离为 50～100mm
12	排管	埋深：排管敷设时管路顶部距地面埋深不宜小于 0.7m，当施工条件不能满足要求时，埋设深度可适当放宽，但不应小于 0.5m，且必须用钢筋混凝土进行包封

续表

序号	验收项目	验收标准要求
13	排管	金属电缆保护管：连接应牢固，密封应良好，两管口应对准。套接的短套管或带螺纹的管接头的长度，不应小于电缆管外径的 2.2 倍。金属电缆保护管不宜直接对焊，宜采用套袖焊接的方式
14		硬质塑料管：套接或插接时，其插入深度宜为管子内径的 1.1～1.8 倍
15		防腐：金属电缆保护管应采取有效的防腐措施
16		包封：电缆排管应采用混凝土进行包封
17		间距：管间距、管对底部、顶部距离满足设计要求
18	电缆孔洞	连通：电缆管孔应确保通畅并一一对应
19		封堵：在封堵电缆孔洞时，封堵应严实可靠，不应有明显的裂缝和可见的孔隙

（3）站房类设备中间验收内容：主要涉及管沟预埋、防雷接地、防火等验收项目，具体验收的标准要求见表 2-7。

表 2-7　　　　　　　　　　　站房类设备中间验收标准

序号	验收项目	验收标准要求
1	管沟预埋	基本要求：所有预埋件均按设计埋设
2		预埋件焊接：应采用有效焊接固定，焊接后，应进行焊渣清理，同时应检查焊缝质量
3		防腐：外露部分及镀锌材料的焊接部分应做好防腐处理
4		排水：所有电缆沟排水应良好，应设置蓄水井及抽水泵
5	防雷接地	基本要求：各支架和放置设备处，应有接地线并将接地支线引出地面。所有电气设备底脚螺栓、构架、电缆支架和预埋铁件等均应可靠接地。各设备接地引出线应与主接地网可靠连接
6		埋深：接地体埋设深度应符合设计规定，当设计无规定时，不宜小于 0.6m
7		焊接：主接地网的连接方式应符合设计要求，一般采用焊接，焊接应牢固、无虚焊。接地材料为有色金属的宜采用螺栓搭接
8		焊缝：长度为接地扁钢宽度的 2 倍，三面施焊
9		建筑物内的接地网应采用暗敷方式，根据设计要求留有接地端子
10		预埋件：预埋铁件接地连接应使用镀锌层完好的扁钢进行，应无断开点，通常与主接地网有不少于 3 个独立的接地点
11		标识：接地引线上应涂以不同标识，便于接线人员区别主接地和避雷网；接地线引出建筑物外墙处应设置接地标志
12		室内接地线距地面高度不小于 0.3m，距墙面距离不小于 10mm。接地引上线与设备连接点不应少于 2 个
13		回填：接地网的某一区域施工结束后应及时进行回填土工作，回填土内不得夹有石块和建筑垃圾，外取的土壤不得有较强的腐蚀性。回填土应分层夯实
14	防火	开闭所（配电室）与建筑物的外电缆沟的预留洞口，应采取安装防火隔板等必要的防火隔离措施

3. 竣工验收

运检单位应审核工程组织单位提交的竣工资料和验收申请，参与竣工验收。提交的竣工资料应包括纸质及电子版资料，竣工图应提交蓝图、底图和 CAD 图，竣工资料验收合格后，由运检单位（部门）负责进行整理并归档。竣工验收不合格的工程不得投入运行。

（1）架空类设备竣工验收内容：主要涉及杆塔组装及附件安装、拉线、导线、柱上变压器、低压配电箱、柱上断路器等验收项目，具体验收的标准要求见表 2-8。

表 2-8   架空类设备竣工验收标准

序号	验收项目	验收标准要求
1	杆塔组装及附件安装	横担安装：单横担的直线杆应在受电侧，分支杆、90°转角及终端杆装于拉线侧；双横担不应歪扭，所有横担应装 M 垫铁
2		绝缘子安装：应牢固可靠，表面无闪络、破损、脏污，绝缘子裙边与带电部分的间隙不应小于 50mm，开口销不应用线材代替
3		金具、螺栓：所有金具外观良好，无锈蚀变形，受力均匀；所有螺栓应按规程要求安装，两端加垫片
4		其他附件：应合理装设故障指示器、驱鸟器等
5		标识：杆号命名正确，各种设备运行、安全警示标志齐全、清晰
6	拉线	拉线外观：拉线受力后无松散现象，拉线无锈蚀、断、散现象，拉线与地面夹角应符合规程要求
7		拉线绑扎：线夹舌板与拉线受力接触紧密无滑动现象，拉线外露出尾线长度为 300～500mm，尾线回头后与主线应扎牢
8	导线	导线外观：导线应无磨伤、断股、扭曲、金钩等现象，线径符合要求
9		导线连接：不同金属、不同规格的导线严禁在档距内连接。采用缠绕法连接时应无松股、断股现象，同一档距内同一根导线的接头不应超过一个，接头位置应距导线固定处 0.5m 以外
10		弧垂：导线的固定应牢固、可靠；三相弧垂应保持一致，引流线的固定采用并沟线夹连接且不应少于 2 个
11		安全距离：导线与拉线、电杆或构架之间的净空距离大于 0.2m，对地及交叉跨越距离符合设计及规程要求
12		T 接线：T 接引线与高压线距离，≥0.3m；T 接引线与低压线距离，≥0.2m
13		同杆架设：高压与高压间横担距离不小于 0.8m；分支或转角杆距离不小于 0.45m/0.6m；高压与低压间横担距离不小于 1.2m，分支或转角杆距离不小于 1.0m
14		防护要求：沿线的障碍物、应砍伐的通道及其他杂物应清除完毕，符合防护规程要求
15	柱上变压器	配电变压器安装：变压器台应平整、牢固、可靠，水平倾斜不应大于台架根开的 1/100，一、二次引线应排列整齐、绑扎牢固
16		跌落开关安装：各部件齐备；倾斜角度符合标准：15°～30°；相间距离不得小于 500mm；操作灵活可靠
17		跌落开关型号：上、下引线截面积和弛度应满足要求；连接和绝缘可靠；高低压接线端子连接可靠

续表

序号	验收项目	验收标准要求
18		避雷器安装：支架安装牢固可靠、无锈蚀
19		避雷器外观：避雷器外部完整无缺损；封口处密封良好；引线符合规程要求
20		防雷：柱上变压器防雷装置接地线应与变压器二次侧中性点及变压器的金属外壳可靠连接，连接导体、接地电阻应符合设计规定
21		熔丝：一次侧熔丝、二次侧熔丝额定电流选择符合变压器容量要求，各接地连接点、接地电阻合格
22	柱上变压器	中性点：应满足"三位一体"要求，中性线引下线截面积满足要求，应可靠接地，并要求刷黑漆
23		接地安装：接地良好，焊接部位符合要求，采用扁钢焊接其搭接长度为宽度的 2 倍，或为圆钢直径的 6 倍，并刷防锈漆
24		接地装置：满足设计要求；接地电阻值不应大于 4Ω，100kVA 以下的配电变压器不大于 10Ω
25		测试：试送三次，无熔丝熔断，变压器无异音
26		标识：台区号正确，各类警示标识等应正确齐全
27		防护要求：柱上变压器各带电部位与周边构筑物、树、竹等距离符合要求
28	低压配电箱	外观检查：安装应牢固可靠；箱体无锈蚀、脱漆现象；各出线孔封堵严密有效
29		内部检查：母排及空开各螺栓连接牢固可靠；相间距离符合要求
30		支架：支架距地面高度不得小于 3.5m。水平倾斜不大于支架长度的 1/100
31		相间：各相倒挂线应安装平整、高低一致，导线相间水平距离不得小于 500mm
32		电气连接：接触紧密，不同金属采用过渡措施
33		机械部分：连接牢固、转动灵活
34	柱上断路器	分、合闸：手动、电动储能及分、合闸试验检查，拉、合三次及以上，机械良好、无异响
35		二次：二次回路接线应紧固，接线正确，绝缘良好，保护定值正确，绝缘电阻值不大于 10MΩ
36		接地：外壳接地可靠，接地电阻值应符合设计要求
37		标识：设备运行编号、相序标识和警示标识等应正确齐全

（2）站房类设备竣工验收内容：主要涉及土建部分、高压柜、低压柜、标识、电缆竖井等验收项目，具体验收的标准要求见表 2-9。

表 2-9　　　　　　　　站房类设备竣工验收标准

序号	验收项目	验收标准要求
1		基础：现场检查建筑主体位置符合图纸设计（高压柜基础尺寸、开口数量、基础与墙体的相对距离符合图纸要求）
2	土建部分	门：大门为向外开启的双开门，一门为巡视门，另一门为逃生门，逃生门可从内部向外开启；大门尺寸符合图纸要求，并采用成套钢门
3		窗：窗户下沿距地面高度不宜小于 1.8m；窗户应使用不可开启的双层中空玻璃；安装位置的具体方位与图纸对应

续表

序号	验收项目	验收标准要求
4	土建部分	接地：开闭所接地扁钢应采用 40×4 热镀锌扁钢，表面需刷上黄绿相间的油漆；等电位端子牌的数量和位置，接地体与槽钢连接点的位置和数量应严格按照接地图纸要求；接地体预留检修工作的接地孔位
5		地面：地面为环氧树脂自流平；设备周围巡视通道铺设绝缘垫，绝缘垫宽度不应小于盖板宽度；沿黑色绝缘垫外围刷一周 50mm 宽的黄色绝缘漆
6		电缆通道：电缆沟内干净整洁，无遗留物；电缆穿墙部分封堵完善
7		照明：照明灯的数量、位置和装设方式应符合图纸要求；照明灯具不应设置在配电装置正上方
8		通风：风机开启噪声不应大于 45dB；风机的吸入口应加装保护网，保护网孔不大于 5mm×5mm；通风机外层需加装遮雨棚
9		消防：开闭所（配电室）的耐火等级不应低于二级；室内应装有火灾报警装置；应配备国家消防标准要求中规定的相应数量的灭火装置，手提式灭火器应安置在开闭所（配电室）入口处显眼位置，并挂标识牌
10	高压柜	机构：分、合闸操作机构正常，分合指示正常，现场试操作 3 次
11		电缆舱：电缆舱的封堵应使用水泥材料紧密封实；电缆终端安装线路式故障指示器；电缆无机械损伤、变形和破损，附件齐全；TA 变比、电缆头厂家与变更单一致
12		二次仪表：电源线交叉接线；温控跳闸线正确接入；定值正确输入，控制连接片正确投入；整组实验完成；使用正确的中文二次空开标示；短接二次失压跳闸端口；二次舱用防火泥封堵严实
13		保险管：保险管使用规格与容量一致
14		接地：开关柜箱内配电设备均应采用扁钢与接地装置相连，每处设备的连接点应不少于 2 处
15	低压柜	空开：低压柜低压空开规格、型号符合设计图纸要求和规定
16		定值：低压柜低压空开定值符合要求
17		失压脱扣：失压脱扣应拆除
18		挂牌：低压电缆需挂标示牌，挂牌内容注明所到楼栋及楼层
19		低压电缆：表皮无破损，线芯无损伤；与端子连接紧密
20	标识	大门标识：不锈钢材质，字体颜色为国网绿，命名原则：电压等级+标识名+开闭所，且不应存在"95598"标识
21		高压柜、母线标识内容正确，材质规范，如若上下级设备标识内容发生变更应相应更改
22	电缆竖井	线路敷设：敷设方式与设计图纸相对应（架空、电缆、密集母线）
23		施工工艺：低压设备外表无破损，设备连接部分施工工艺规范，无松动、腐蚀、破损
24		空气开关：低压楼层空气开关厂家应与设计一致，宜选用西门子、施耐德、ABB 品牌
25		插接箱：爪脚应紧密连接，符合设计标准
26		低压电缆：应使用低烟无毒电缆，WDZ 型无烟低卤型号
27		标识：低压电缆穿越楼栋最下层强电井时应悬挂线路标示牌，指明来电侧台区号及所供楼层；每层强电井的插接箱或分接箱箱盖上应喷所供台区的台区号
28		照明：强电井内照明设备运行正常

续表

序号	验收项目	验收标准要求
29	电缆竖井	间距：线路之间保持的距离应严格按照设计图纸要求；不同部门使用的电缆间应保持 0.3m 最小净距离，竖井内的强、弱电，公、专用线路均应有各自的线槽，如合并在一个线槽内应有隔离措施并附标识
30		表计：表计安装位置和数量应严格符合图纸要求
31		防火：建筑内的电缆井、管道井应在每层楼板处采用不低于楼板耐火极限的不燃材料或防火材料封堵严实
32		防火：桥架内的封堵，建议选用防火棉（硅酸铝纤维）对线缆桥架内部进行封堵，保证楼层上下无空气流通，厚度不低于楼板厚度
33		封堵：未设置桥架的电缆井可直接在线缆周边封堵，保证楼层上下无空气流通
34		封堵：密集母线槽与楼板连接处的孔隙严禁使用防火泥封堵，可用防火棉、阻火包进行封堵

（3）电缆类设备竣工验收内容：主要涉及一般性检查、电缆附件、接地、标识牌等验收项目，具体验收的标准要求见表 2-10。

表 2-10 电缆类设备竣工验收标准

序号	验收项目		验收标准要求
1	一般性检查	外观	电缆表面无损伤，敷设整齐，弯曲（最小弯曲半径为电缆外径的 15 倍）应符合规程要求，无外露于地表面；直埋电缆的周围泥土，不应含有腐蚀电缆金属包皮的物质（如烈性的酸碱溶液、石灰、炉渣等）
2		距离	应符合规程要求：高低压电缆间平行，≥0.1m；交叉，≥0.5m。电缆与热管道（管沟）及热力设备平行，≥2.0m；交叉≥0.5m。电缆与可燃气体及易燃液体管道（沟）平行，≥1.0m；交叉，≥0.5m。电缆与其他管道（管沟）平行，≥0.5m；交叉，≥0.5m。电缆与铁路路轨平行，≥3.0m；交叉，≥1.0m。或采取措施后符合要求：穿管，≥0.25m
3	电缆附件	厂家	电缆中间头厂家应符合变更单要求；安装人员宜为厂家指定人员
4		防爆盒	电缆中间接头应安装防爆盒
5	接地		电力电缆接地线应采用铜绞线或镀锡铜编织线与电缆屏蔽层连接，其截面面积不应小于 25mm²
6	标识牌	中间头	在电缆中间头处设置标志牌，标志牌至少反映线路名称、厂家、制作人、时间
7		终端头	电缆终端头应装设醒目的运行标志牌，反映设备编号、线路名称、相色
8		本体	在电缆沟两端处、拐弯处、交叉处、直线段每隔 50m 以内应设置相应的电缆本体标识牌。电缆本体标识牌应含电压等级、线路名称、电缆型号、投运日期、生产厂家等基本信息
9			标识牌字迹正确、清晰、耐腐蚀、挂装牢固

（4）配电自动化类设备竣工验收内容：主要涉及设备标识、环网柜、开关柜、保护控制回路、自动化终端安装、自动化终端调试、通信设备 ONU、联调等验收项目，具体验收的标准要求见表 2-11。

表 2-11 配电自动化类设备竣工验收标准

序号	验收项目	验收标准要求
1	设备标识	设备应设置名称标识牌和安全警示标识牌及自动化二遥、三遥标识
2		设备编号和名称应符合规定、标志完整清晰，并与设备资产精益管理系统（PMS 系统）内台账记录一致
3	环网柜、开关柜	开关分合位置指示正确，控制把手与指示灯位置对应，与实际运行方式相符
4		真空泡表面无裂纹，SF₆断路器气体压力正常
5		绝缘部件清洁，无裂纹、损坏、放电痕迹等异常现象
6		操动机构无锈蚀
7		压力释放通道有效
8		柜内加热装置良好，内部无凝露
9	保护控制回路	保护连接片投退正确
10		继电器无异常响声和损坏，端子排接线牢靠，端子无放电现象，二次小母线无断线和破损，各个回路熔丝接触良好，无熔断
11		监视灯和信号等完好，指示正确
12		"五防"装置功能完善
13		控制电缆应选用铠装屏蔽电缆、PVC 管等，控制、信号、电压回路导线截面积不小于 1.5mm²，电流回路导线截面积不小于 2.5mm²
14	自动化终端安装	柜体安装位置应符合设计图纸要求，牢固可靠，可方便扩展，其排列与其他屏柜排列整齐划一
15		装置表面无污秽，外壳无损坏，内部无凝露，柜门能正常打开和关闭
16		端子排接线正确牢靠，端子无松动、放电现象，端子标识应准确清晰完整
17		交直流电源工作正常可靠，指示灯信号正常
18		二次安全防护设备运行良好
19		设备接地装置连接良好，无锈蚀、损坏等现象
20		线缆进出孔洞封堵严密，无脱落现象
21		统一格式对箱体进行标识，标识齐全且要求张贴于明显位置
22	自动化终端调试	配置终端的通信地址、相关端口，设置波特率、校验方式等
23		按信息点表配置各路开关遥测、通信和遥控量地址及开关过流、失压等故障信息量地址
24		按互感器变比配置各路开关遥测量转换关系，核对各遥测量地址和转换关系，检查调度主站或调试软件的显示值是否与现场一致
25		核对遥信点号，进行各遥信点的分合试验，检查调度主站或调试软件对应遥信量变位是否与现场一致，SOE 时标是否准确
26		核对遥控点号、遥控对象、遥信状态与现场一致，执行遥控操作，遥控中出现执行不成功，应停止调试工作，查明原因后方可继续
27		核对故障信息量点号，注入过电流和失电压信号，观察是否检测到对应故障量，记录故障报警功能调试的项目及试验结果
28		各连接片对应间隔正确
29		测试电源系统切换等功能正确、完备
30		试验终端远方/就地把手、分合闸按钮回路正确

续表

序号	验收项目	验收标准要求
31	通信设备 ONU	避免安装在潮湿、高温、强磁场干扰源的地方，远离自来水、煤气、暖气阀门和消防喷淋设施等，确有无法避免的，须做隔离和防渗处理
32		设备安装固定牢固，排列整齐美观，外壳可靠接地
33		线缆整齐美观不交叉，转弯弧线一致
34		尾纤布放，超过机柜部分应穿管保护
35		设备、光纤及网线标识清晰
36	联调	通信通道测试正常
37		IP、ID 核对正常
38		主站对终端受时正常
39		点表核对正常
40		遥测测试正常
41		遥信测试正常
42		遥控测试正常
43		报文测试正常

第二节 配电网巡视

一、配电网巡视一般要求

运维单位应根据本单位设备情况，以站线为单元建立健全设备主人制，加强巡视检查工作质量的监督、检查与考核。设备主人应全面了解责任站线的设备运行情况及缺陷隐患情况。

运检班组应按配电网巡视要求，结合配电设备设施运行状况和气候、环境变化情况以及上级管理部门的要求，编制计划、合理安排，对所辖配电设施设备及通道进行巡视与检查，全面掌握配电网设施设备的运行状况，为设备检修提供依据。巡视前，巡视负责人应按要求提前将巡视计划录入作业安全风险管控系统，以备上级运维部门进行管理，并根据巡视类型和巡视任务提前做好相关工作准备。同时，应在设备资产精益管理系统（PMS3.0）中维护巡视周期，并在巡视工作完成后将巡视结果于 3 个工作日内录入设备资产精益管理系统（PMS3.0），如有一般缺陷或严重缺陷，则同步编制缺陷记录，并启动缺陷流程。

运维人员应根据天气情况、地域特征和故障情况等随身携带相关资料及常用工具、备件和个人防护用品，如安全帽、手电、手套、巡视记录本、相机、有害气体检测仪、红外热成像仪、超声波局放检测装置等，运用红外热成像、超声波局部放电检测、暂态地电波带电检测等带电检测技术，对配电网设备进行带电检测。

巡视人员应熟悉巡视线路的设备运行状况，掌握设备运行变化情况，在巡视检查线路、设备时，同时核对设备命名、编号、标识标示等。在发现严重缺陷时应立即汇报上级管理单位，并协助做好消缺工作；发现影响安全的施工作业情况，应立即开展调查，做好现场宣传、劝阻工作，并书面通知施工单位，必要时上报设备管理单位，由设备管理单位下达隐患通知书；巡视发现的问题应及时进行记录、分析、汇总，重大问题应及时向有关部门汇报。

巡视人员在巡视 10kV 设备时，应始终认为设备、线路带电，人体与带电导体应大于最小安全距离。巡视时禁止触摸 10kV 带电设备的绝缘部分，禁止穿越遮栏。应认真填写巡视记录，包括气象条件、巡视人、巡视日期、巡视路径、巡视范围、线路设备名称，以及发现的缺陷情况、缺陷类别，沿线危及线路设备安全的树木、建（构）筑物和施工情况、存在外力破坏可能的情况、交叉跨越的变动情况以及初步处理意见等。

运检班长在 PMS3.0 系统桌面端的设备巡视周期计划页面，可根据实际情况调整首次巡视时间、巡视负责人、巡视方式。维护完成后，派发至运检班员。运检班长、运检班员可在 i 国网 PMS3.0 移动端查看、执行巡视任务，当运维班班长接到极端天气、新设备投入运行、设备经过检修、法定节假日保电、上级通知有重要保供电任务等通知时，运检班长在桌面端或移动端制定特殊巡视工作内容，编制完成后派发给运检班员待办任务中，提醒巡视。执行巡视任务前，运检班员或检修班员通过移动端主页接受巡视任务，根据巡视工作内容、巡视类别、现场实际情况选择巡视方式开展巡视工作，巡视方式包括人工巡视、机器巡视、无人机巡视。待巡视任务开始后，可将巡视过程中发现的缺陷隐患进行登记，并在巡视完成后进行巡视记录确认。

二、配电网巡视分类

（1）定期巡视。由配电网运维人员进行，以定期掌握配电设备、设施的运行状况变换、运行环境变化情况为目的，及时发现缺陷和威胁配电网安全运行情况的巡视。

（2）特殊巡视。在有外力破坏（针对可能危及线路安全的建筑、挖沟、堆土、伐树、鸟窝等情况）可能、恶劣气象条件（如大风前后、暴雨前后、覆冰、高温等）、重要保电任务、运行方式的改变、设备非正常运行或其他特殊情况下，由运维单位组织对设备进行的全部或部分巡视。

（3）夜间巡视。在负荷高峰、重要保电任务、重要节假日的夜间由运维单位组织进行，主要检查连接点有无过热、打火现象，绝缘子表面有无闪络，设备是否过负荷等的巡视。

（4）故障巡视。由运维单位组织进行，以查明线路发生故障的地点及原因和尽快隔离故障区域为目的的巡视；提倡农网地区通过故障显示器来减少巡视范围和难度。

（5）会诊巡视。当以电源侧设备进行巡视时，由设备管理单位牵头，其他部门或专家配合；当以用户侧设备进行巡视时，由营销管理单位牵头，其他部门或专家配合。以故障多发线路或雷击、树障、鸟害、用户内部影响等较为突出的线路为重点巡视对象，以掌握巡视对象运行状况、运行环境为目的，及时发现缺陷和威胁配电网安全运行情况的巡视。

（6）监察巡视。上级领导对专项工作进行的督导和指导性巡视，以某一专项指标、工作或工程等为目的，了解线路、设备现状，检查并指导人员的巡视工作。

三、配电网巡视周期

定期巡视周期见表 2-12。根据设备状态评价结果，对该设备的定期巡视周期可动态调整，最多可延长一个定期巡视周期，架空线路通道与电缆线路通道的定期巡视周期不得延长。已配置智能巡检装置的配电设施可开展远程在线监视，远程监视情况正常的，现场巡视周期可延长一至两个周期；远程在线监视发现异常情况应及时安排现场巡视、核查整改，未实现远程在线监测的架空线路及其通道段的巡视周期不得延长。

表 2-12　　　　　　　　　　定期巡视周期

序号	巡视对象	周期
1	10kV 架空线路通道（包括导线、电杆、柱上负荷开关、柱上变压器、柱上低压配电箱、线路调压器、柱上无功补偿装置、柱上设备等）	市区及县城区：一个月
		郊区及农村：一个季度
2	0.4kV 架空线路	一个季度
3	10kV 电缆线路通道（直埋、管井、隧道等地面巡视）	一个月
	10kV 电缆线路及其通道内部	一个季度
4	0.4kV 电缆、通道、设备	半年
5	开关站	未实现自动化功能：一个月
		实现自动化功能：两个月
6	配电室、箱式变电站、环网单元	一个季度
7	配电自动化终端、直流电源	与一次设备相同
8	防雷与接地装置	与一次设备相同

定期巡视发现安全隐患，如遇威胁线路运维安全的建筑施工、挖沟、堆土、伐树、违章搭挂通信线、鸟巢等情况，应及时汇报设备管理单位，由设备管理单位下达隐患通知书，必要时设备管理单位应增加特殊巡视或夜间巡视。

重负荷和三级污秽及以上地区线路应每年至少进行一次夜间巡视，其余视情况确定。线路污秽分级标准按当地电网污区图确定，污区图无明确认定的，按照表 2-13 进行分级。

表 2-13　　　　　　　　　　现场污秽度分级

现场污秽度	典型环境描述
非常轻	很少人类活动，植被覆盖好，且距海、沙漠或开阔地大于 50km；距大中城市大于 30～50km；距上述污染源更短距离内，但污染源不在积污期主导风上
轻	人口密度为 500～1000 人/km² 的农业耕作区，且距海、沙漠或开阔地大于 10～50km；距大中城市 15～50km；重要交通干线沿线 1km 内；距上述污染源更短距离内，但污染源不在积污期主导风上；工业废气排放强度小于每年 1000 万 m³/km²（标况下）；积污期干旱少雾少凝露的内陆盐碱（含盐量小于 0.3%）地区
中等	人口密度为 1000～10000 人/km² 的农业耕作区，且距海、沙漠或开阔地大于 3～10km；距大中城市 15～20km；重要交通干线沿线 0.5km 及一般交通线 0.1km 内；距上述污染源更短距离内，但污染源不在积污期主导风上；包括乡镇工业在内工业废气排放强度不大于每年 1000 万～3000 万 m³/km²（标况下）。退海轻盐碱和内陆中等盐碱（含盐量为 0.3%～0.6%）地区。距上述污染源更远（距离在 b 级污区的范围内），长时间（几个星期或几个月）干旱无雨后，常常发生雾或毛毛雨；积污期后期可能出现持续大雾或融冰雪地区；灰密为等值盐密 5～10 倍及以上的地区
重	人口密度大于 10000 人/km² 的居民点和交通枢纽，且距海、沙漠或开阔干地 3km 内；距独立化工及燃煤工业源 0.5～2km 内；重盐碱（含盐量为 0.6%～1.0%）地区。距比上述污染源更长的距离（与 c 级污区对应的距离），长时间干旱无雨后，常常发生雾或毛毛雨；积污期后期可能出现持续大雾或融冰雪地区；灰密为等值盐密 5～10 倍以上的地区
非常重	沿海 1km 和含盐量大于 1.0% 的盐土、沙漠地区，在化工、燃煤工业源内及距此类独立工业园 0.5km，距污染源的距离等同于 d 级污区，且直接受到海水喷溅或浓盐雾；同时受到工业排放物如高电导废气、水泥等污染和水汽湿润

注　1. 台风影响可能使距海岸 50km 以外的更远距离处测得较高的等值盐密值。
　　2. 在当前大气环境条件下，我国中东部地区电网不宜设"非常轻"污秽区。
　　3. 取决于沿海的地形和风力。

重要线路和故障多发（3 次及以上）线路应每年至少进行一次会诊巡视或监察巡视；发生故障时，无论重合是否成功，都要进行故障巡视，并将故障点位置和情况以影像资料的形式上报设备管理单位，作为后期运行分析的依据。

四、配电网巡视标准

1. 配电网标准化巡视流程

配电网标准化巡视流程如图 2-1 所示。

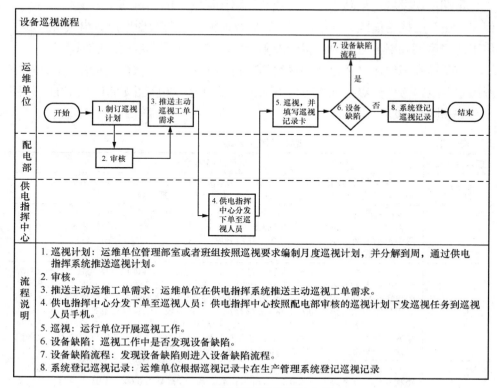

图 2-1 配电网标准化巡视流程

2. 配电网设备标准化巡视作业卡

运检单位按照巡视标准，填写配电网设备标准化巡视作业卡（见表 2-14），开展线路设备巡视。

架空线路通道沿线无易燃、易爆物品和腐蚀性液体、气体，无可能触及导线的铁烟囱、天线等，周围无被风刮起危及线路安全的金属薄膜、杂物等，线路附近无射击、放风筝、抛扔异物、堆放柴草等现象，无在杆塔、拉线上拴牲畜等现象，沿线江河无山洪和泥石流等异常现象。

通道沿线无危及线路安全的工程设施（机械、脚手架），线路附近爆破工程应有爆破手续，其安全措施应全面妥当，查明防护区内的植物种植情况，导线与树间安全距离符合规定。无违反《电力设施保护条例》的建筑，如发现线路防护区内有施工作业，应设法制止。巡视难度较大的线路，可以通过加装故障显示器，减少故障巡视范围。

表 2-14 配电网设备标准化巡视作业卡

线路名称	10kV 竹 73 余集线		巡视区段	全线/110kV 竹林变电站 10kV 竹 73 断路器余集线到余集开关站 01 柜 01 断路器；余集开闭所 07 柜 07 断路器至 10kV 竹 73 余集线华中产业园支线	
巡视人员	××	巡视时间	2020 年 3 月 17 日 9—17 时	巡视类型	定期巡视
缺陷记录	序号	线路名称杆塔编号	缺陷详细内容	分类	备注
	1	余集开闭所 01 柜进线电缆通道	余集开闭所进线电缆通道盖板破损	一般	3 月 18 日将安排人员对盖板进行更换
	2	余集开闭所室内	余集开闭所室内灰尘较大，通风机不能正常运行	一般	3 月 19 日将派人进行设备清灰和通风机修理工作
	3	10kV 竹 73 余集线华中产业园支线 23 号	鸟巢	一般	已处理
	4	10kV 竹 73 余集线华中产业园支线 27～29 号	树障	一般	缺陷已统计，需申报月度检修计划

注 巡视人员应在指导卡上填写巡视人员及巡视日期，并依照既定巡视任务对区段内线路及附属设备进行巡视，若发现缺陷，在表内的缺陷记录中详细填写缺陷内容。

3. 电缆本体及通道巡视标准

电缆线路及设备的标示牌齐全、清晰。电缆线路对应地面无建筑工地、挖掘痕迹，路线标桩应完整。电缆线路排列整齐规范，按电压等级的高低从下向上分层排列；通信光缆与电力电缆同沟时应采取有效的隔离措施。电缆无变形，表面温度正常，电缆线路防火措施完备，外护套无损伤。电缆上杆部分保护管及其封口应完整。路径周边无管道穿越、开挖、打桩、钻探等施工，路径沿线各种标识标示齐全。通道内无沉降、土壤流失现象，不会造成排管包封、工作井等局部点暴露或者导致工作井和沟体下沉、盖板倾斜。通道上方无修建建（构）筑物，无堆置可燃物、杂物、重物、腐蚀物等；无栽种树木。

电缆通道内无热力管道或易燃易爆管道泄漏现象。盖板齐全完整、排列紧密、无破损现象，不压在电缆本体、接头或者配套辅助设施上，不影响行人、过往车辆安全。电缆桥架电缆保护管、沟槽和主材不存在损坏、锈蚀现象。电缆桥架没有出现倾斜、基础下沉、覆土流失等现象。桥架与过渡工作井之间不会产生裂缝和错位现象。临近河（湖）岸两侧无受潮水冲刷的现象，电缆盖板没有露出水面或移位，河岸两端的警告标识完好。电缆工作井盖无丢失、破损、被掩埋现象。电缆竖井防火封堵严密，井内无积水、杂物、易燃易爆物等现象。

4. 导线巡视标准

架空导线无断股、损伤、烧伤的痕迹，在化工等地区的导线无腐蚀现象。三相弧垂保持平衡，无过紧、过松的现象，导线对跨越物的垂直距离符合规定，导线对建筑物等的水平距离符合规定。接头良好，无过热现象（如接头变色、导线熔化等），连接线夹弹簧齐全，螺帽紧固。过（跳）引线无损伤、断股、歪扭，与杆塔、构件及其引线间距离符合规定要求。导线上无抛物，固定导线用绝缘子的绑线无松弛和开裂现象。绝缘导线外层无损伤、变形、龟裂、起泡现象。支持绝缘子的绑扎线无松弛和开断现象。与绝缘导线直接接触的金具绝缘罩应齐全、无开裂、无发热变色变形，绝缘包缠带无龟裂、脱落，接地环设置应满足要求。线夹、压接管上无锈蚀或过热现象（如接头变色、熔化痕迹等），连接线夹弹簧垫齐全，螺栓紧固，设备线夹尽量多使用敷铜线夹。

5. 杆塔巡视标准

杆塔无倾斜现象，铁塔无弯曲、变形、锈蚀现象，螺栓无松动痕迹，混凝土杆无裂纹、酥松、钢筋外露等现象，焊接处无开裂、锈蚀，基础无损坏、下沉或上拔现象，周围土壤无挖掘或沉陷，寒冷地区电杆无冻鼓现象，杆塔位置应合适，无被车撞的可能，保护设施完好、标识清晰，杆塔无被水淹、水冲的可能，防护设施无损坏、坍塌。

杆塔（杆号、相位牌、警告标示牌等）应齐全、明显。杆塔周围无杂草和蔓藤类植物附生，无危及线路安全的鸟巢、风筝等杂物。外破频繁的杆塔要做好相关防护措施，如防撞围栏、防撞标识等醒目措施。河流、湖泊边的杆塔应悬挂"禁止钓鱼"标示牌。水塘、池塘中的杆塔应考虑迁移或更换，对长期处于巡视难以观察到的杆塔，应做好记录，随时通过相关项目进行整改。在鸟类筑巢高峰期，生态环境良好地区的线路通道杆塔考虑多加装驱鸟器。杆塔上不能出现未经批准搭挂的设施或非同一电源的低压配电线路。基础保护帽上部塔材不应被埋入土或废弃物堆中，塔材无锈蚀、缺失。

6. 横担、金具绝缘子巡视标准

铁横担无锈蚀、歪斜、变形现象。金具无锈蚀、变形，螺栓紧固、无缺帽，开口销、弹簧销无锈蚀、断裂、脱落，瓷件无脏污、损坏、裂纹和闪络痕迹，铁脚、铁帽无锈蚀、松动、弯曲痕迹，绝缘子钢脚无弯曲，铁件无严重锈蚀，绝缘子不能歪斜，同一绝缘等级内，绝缘子装设保持一致，绝缘子绝缘保护罩完好。

7. 柱上断路器、隔离开关及熔断器巡视标准

外壳无锈蚀现象，套管无破损、裂纹和严重污染或放电闪络的痕迹。断路器应固定牢固、无下倾现象，支架无歪斜、松动，引线接头和接地应良好，线间和对地距离要满足要求。各个电气连接点连接应可靠，铜铝过渡可靠，无锈蚀、过热和烧损现象。断路器的编号，分、合和储能位置指示，警示标识等完好、正确、清晰。

自动化终端设备与一次设备连接电缆安装牢固，指示灯显示状态无异常。封闭型喷射式熔断器底部无熔管脱落现象，跌落式熔断器熔丝管无弯曲、变形。瓷绝缘件无裂纹、闪络、破损及严重污秽痕迹。触头间接触应良好，无过热、烧损、熔化现象。各部件的组装应良好，无松动、脱落。

8. 柱上变压器及其相关配件巡视标准

部件接头接触应良好，无过热变色、烧熔现象。变压器套管清洁，无裂纹、击穿、烧损和严重污秽痕迹，瓷套裙边损伤面积不应超过 $100mm^2$；肘型头与变压器套管插合应严实。10kV 互绞引线绞合自然，外绝缘无破损，连接部位应良好，无过热、放电现象；防水冷缩头硅橡胶伞裙套无脏污、损伤、裂纹和闪络痕迹；保护管及其封口应完整。

各部位密封圈（垫）无老化、开裂，缝隙无渗、漏油现象，配电变压器外壳无脱漆、锈蚀，焊口无裂纹、渗油。变压器外壳应接地，接地线保持完好。变压器无渗漏油、异味；呼吸器正常、无堵塞，硅胶无变色，绝缘罩（如有）应齐全完好。变压器无异常声音，用仪器仪表测量无重负荷、过负荷、低电压和三相不平衡现象，若有应尽量通过运维手段解决，解决不了的需记录在案，为后期项目申报提供依据。

各种标识齐全、清晰，铭牌及警告标示牌和编号等其他标识应完好。变压器台架及熔断器架对地距离符合规定，无锈蚀、倾斜、下沉，砖、石结构台架无裂缝和倒塌的可能，变压器的围栏完好。变压器上无金属丝、树枝等异物，无萝藤类植物附生，无鸟巢或小动物攀爬痕迹。低压配电箱外壳无锈蚀、损坏痕迹。进出电缆无龟裂、老化、破损痕迹。绝缘件无闪络、裂纹、破损和严重脏污现象。柱上变压器台低压配电综控箱巡视工作须两人进行，一人监护、一人登杆检查。引线接头及工作接地连接良好。开关无过热、变形、开裂现象，条形开关内保险安装应到位。无功补偿装置箱体外壳无变形、锈蚀现象，电容器无渗漏液、膨胀现象。

9. 箱式变压器巡视标准

变压器各部件连接点接触良好，无过热变色、烧熔现象，示温片若熔化脱落，应及时更换。变压器套管表面干净整洁，无裂纹、击穿、烧损和严重污秽现象，瓷套裙边损伤面积不应超过 100mm²。油浸式变压器油温正常，无异声、异味，在正常情况下，上层油温不超过 85℃，最高不得超过 95℃，干式变压器不得超过 110℃。各部位密封圈（垫）无老化、开裂，缝隙无渗、漏油，配电变压器外壳无脱漆、锈蚀，焊口无裂纹、渗油。

有载调压配电变压器分接开关指示位置正确。呼吸器应正常且无堵塞，硅胶无变色现象，如有绝缘罩应检查齐全完好，全密封变压器的压力释放装置功能完好。变压器无异常声音，用仪器仪表测量无重负荷、过负荷、低电压和三相不平衡现象，若有应尽量通过运维手段解决，解决不了的需记录在案，为后期项目申报提供依据。各种标识齐全、清晰。铭牌及警告标示牌和编号等其他标识完好。

变压器台架高度符合规定，无锈蚀、倾斜、下沉现象，变压器围栏完好。引线不松弛，绝缘应良好，相间或对构件的距离符合规定，工作人员无触电危险。温度控制器（如有）显示应正常，巡视中应对温控装置进行自动和手动切换，观察风扇启停正常。

10. 配电自动化终端巡视标准

检查 DTU、FTU、TV 外观情况，不存在破损现象，固定应牢固，柜门能正常打开和关闭。TV 的跌落保险器正常。DTU、FTU 与一次设备连接电缆安装牢固。DTU、FTU 故障指示灯显示状态无异常。DTU、FTU 操作手柄在正常位置，接地线牢固可靠。DTU、FTU 装置运行指示灯正常，通信板、CPU 板、电源板等板件故障指示灯未亮。DTU、FTU 装置电源输入、输出空开保持投入。

DTU、FTU 分合闸连接片正常投入，连接片紧固。端子排接线正确牢靠，端子无松动、放电现象，端子标识准确、清晰、完整。线缆进出孔洞封堵严密，无脱落现象。通信设备工作应正常，能可靠上传数据，通信、报文收发正常，现场与主站侧核对遥信、遥测信息正常。若不正常应立即上报调度和信通部门，由调度和信通部门进行处理。TTU、天线外观完好无破损，固定牢固。TTU 液晶屏可以正常点亮，显示正常。面板上不存在未复归的告警信号。蓄电池无渗液、老化、鼓肚现象。

11. 拉线、顶杆及拉桩巡视标准

拉线无锈蚀、断股或张力分配不均等现象；拉线 UT 线夹或花兰螺栓及螺帽

不应被埋入土或废弃物堆中或被盗现象。跨越道路的水平拉线对路边缘的垂直距离不应小于 6m，跨越电车行车线的水平拉线对路面的垂直距离不应小于 9m。拉线绝缘子无损坏或缺少，对地距离符合要求。拉线不应设在妨碍交通（行人、车辆）或易被车撞的地方，无法避免时应设有明显警示标识或采取其他保护措施，非绝缘拉线应加设拉线绝缘子。

拉线棒（下把）抱箍等金具无变形、锈蚀现象。拉线固定牢固、拉线基础周围土壤无突起、沉陷、缺土等现象。顶杆、拉桩等无损坏、开裂、腐蚀等现象。

12. 低压接户线巡视标准

低压接户线的材料或横截面面积符合要求。低压接户线的线间距离不宜小于 0.2m；低压接户线受电端对地距离不得小于 3m。低压接户线至路面中心的垂直距离不应小于下列数值：通车街道为 6m；通车困难的街道、胡同、人行道为 3.5m。低压接户线与建筑物有关部分的距离不应小于下列数值：与接户线下方窗户的垂直距离为 0.3m；与接户线上方阳台或窗户的垂直距离为 0.8m；与阳台或窗户的水平距离为 0.75m；墙壁、构架的距离为 0.05m。低压接户线与弱电线路的交叉距离不应小于下列数值：低压接户线在弱电线路的上方 0.6m；低压接户线在弱电线路的下方为 0.3m；不能满足上述要求，应采取有效隔离措施。接户线不能出现树线矛盾、落物、蹭房檐等外力隐患；第一支持物应牢固完好。

接户线用户侧不能断开，接头无虚接、过热现象。不同金属、不同规格、不同绞向的接户线，严禁在档距内连接。跨越通车街道的接户线，不应有接头。低压接户线严禁跨越铁路。自电杆上引下的低压接户线，应使用蝶式绝缘子或绝缘悬挂线夹固定，不宜缠绕在低压针式绝缘子瓶脖或导线上。一根电杆上有两户及以上接户线时，各户接户线的中性线应直接接在线路的主干线中性线上（或独立接户线夹上）。

13. 电缆头及其附件巡视标准

电缆头带电裸露部分之间及至接地部分的距离满足要求。电缆头固定牢靠，连接部位良好，无过热现象，相间及对地距离符合要求。电缆头和支持绝缘子的瓷件或硅橡胶伞裙套无脏污、损伤、裂纹和闪络痕迹。电缆头和避雷器固定无松动、锈蚀等现象。电缆头完整，无渗漏油，无开裂、积灰、电蚀或放电痕迹。

电缆头无不满足安全距离的异物，无倾斜现象，弓子线不应过紧，标识标示（接头牌）应清晰齐全正确。电缆头底座支架无锈蚀、损坏，支架无偏移。防火阻燃措施完好，铠装或其他防外力破坏的措施完好。对户外与架空线连接的电缆头应完整，引出线的接点接头无发热现象，对地距离满足要求，相色带清晰正确，靠近地面部分无被车辆碰撞痕迹。电缆头接地部分良好。避雷器无连接松动、破损、连接引线断股、脱落、螺栓缺失等现象。避雷器动作指示器应图文清晰，无进水、表面破损和误指示等现象。避雷器底座金属表面无锈蚀或油漆脱落现象。避雷器无倾斜现象，引流线不能过紧。供油装置无渗、漏油情况。接地箱箱体（含门、锁）无缺失、损坏，基础牢固可靠。

14. 电缆分支箱、分界箱巡视标准

壳体无锈蚀，箱门开、关良好，门锁灵活。基础无损坏、下沉，周围土壤无挖掘或沉陷风险，电缆无外露，螺栓未松动。基础内无进水现象，电缆洞封口保持严密。箱内无进水、凝露现象，无小动物、杂物、灰尘，电缆进出线标识齐全，与对侧端标识一一对应，温度正常，无异常声音或气味。箱体内设备带电显示器及自动化终端设备状态运行良好、气压指示正常。电缆终端接触良好，无发热、氧化、变色等现象，电缆终端相间和对壳体、地面距离符合要求。箱内底部填沙与基座齐平。箱体内常用工器具完好齐备、摆放整齐，除湿、通风设施完好。检修通道保持畅通、不影响检修车辆通行。

15. 环网单元（环网柜、开关柜及配电柜）巡视标准

开关分、合闸位置正确，与实际运行方式相符，控制手把与指示灯位置对应，SF_6 断路器气体压力正常。断路器防误闭锁功能完好，柜门开闭正常，油漆无剥落。设备的各部件连接点接触应良好，无放电声，无过热变色、烧熔现象，示温片若熔化脱落，应及时更换。设备无凝露，加热器或除湿装置处于良好状态。接地装置良好，无严重锈蚀、损坏现象。电缆终端接触良好，无发热、氧化、变色等现象，电缆终端相间和对壳体、地面距离符合要求。带电显示器、故障指示器、SF_6 气压表等仪表、保护装置、信号装置及自动化终端设备状态保持正常。铭牌及各种标识齐全、清晰。模拟图板或一次接线图与现场一致。保护定值与定值清单一致，若不一致，需要及时将巡视结果反馈给二次保护人员。

16. 防雷设施巡视标准

避雷器无裂纹、损伤、闪络现象；表面无脏污痕迹。避雷器固定应牢靠。引线完好，垂直安装，固定牢靠，排列整齐，与相邻引线和杆塔构件的距离符合规定，相间距离不小于 0.35m。各部件无锈蚀，接地端焊接处无裂纹、脱落。保护间隙无烧伤、锈蚀或被外物短接，间隙距离符合规定。

17. 接地装置巡视标准

接地引下线无丢失、断股、损伤现象。接头接触良好，线夹螺栓无松动、锈蚀现象。

18. 故障显示器巡视标准

显示器无松动、缺失。远传型故障显示器的终端柜无破损现象，固定应牢固，柜门能正常开闭。远传型故障显示器的线缆进出孔洞封堵严密，无脱落现象。远传型故障显示器的太阳能充电板能正常工作。

19. 建（构）筑物及附属设施巡视标准

建筑物内及周围无杂物堆放，室内保持清洁；建筑物的门、窗、钢网无损坏，房屋、设备基础无下沉、开裂现象，屋顶、夹层无漏水、积水现象，沿沟无堵塞；户外环网单元、箱式变压器等设备的箱体无锈蚀、变形现象；电缆盖板、夹层爬梯无破损、松动、缺失现象，进出管沟封堵良好，防小动物设施保持完好；进出通道及吊装口保持畅通；室内温度、湿度正常，无异声、异味；室内消防、照明设备、常用工器具完好齐备、摆放整齐。消防设备和工器具在有效期内，表面无明显破损，即将超期的工器具需要进行周期试验和更换。室内除湿、通风、排水设施完好。标识标示、一次接线图等清晰、正确。

第三节　配电网防护

一、配电网防护一般要求

运维单位应根据国家电力设施保护相关法律法规及公司有关规定，结合本单位实际情况，制定配电线路防护措施。运维单位应加强与政府规划、市政等有关部门的沟通，及时收集本地区的规划建设、施工等信息，及时掌握外部环境的动态情况与线路通道内的施工情况，全面掌控其施工状态。运维单位应加大防护宣传，提高公民保护电力设施重要性的认识，必要时组织召开防外力破坏工作宣传会，防止各类外力破坏，及时发现并消除缺陷和隐患。

对经同意在线路保护范围内施工的，运维单位应严格审查施工方案，严格审批施工电源接入方案，制定安全防护措施，并与施工单位签订保护协议书，明确双方职责；施工前应对施工方进行交底，包括路径走向、架设高度、埋设深度、保护设施等；施工期间应安排运维人员到现场检查防护措施，必要时进行现场监护，确保施工单位不擅自更改施工范围。对邻近线路保护范围内的施工，运维人员应对施工方进行安全交底（如线路路径走向、电缆埋设深度、保护设施等），并按不同电压等级要求，提出相应的保护措施。

对未经同意在线路保护范围内进行的违章施工、搭建、开挖等违反《电力设施保护条例》和其他可能威胁电网安全运行的行为，运维单位应立即进行劝阻、制止，及时对施工现场进行拍照记录，发送防护通知书，必要时应现场监护并向运维管理部门报告。当线路发生外力破坏时，应保护现场，留取原始资料，及时向有关管理部门汇报，对于造成电力设施损坏或事故的，应尽快恢复供电，并按有关规定索赔或提请公安、司法机关依法处理。

运维单位应定期对外力破坏防护工作进行总结分析，制定防范措施及预案。运维单位应加强自动化终端的防护。运维单位应积极参加市政道路、管线改扩建和修缮的协调会议，定期通过政府相关信息平台，关注施工动态，掌握市政道路、通信、水、气等管线施工情况。在工地开工前施工单位应及时与运维单位签订电缆保护协议。运维单位应审核施工单位的电缆线路保护方案，待方案落实并验收合格后施工单位方可开展土建工作。

二、架空线路防护

架空线路防护区：导线两边线向外侧各水平延伸 5m 并垂直于地面所形成的两平行面内，属于架空线路保护区。在厂矿、城镇等人口密集地区，架空电力线路保防护区的区域可略小于上述规定，但各级电压导线边线延伸的距离，不应小于导线边线在最大计算弧垂及最大计算风偏后的水平距离和风偏后距建筑物或树木的安全距离之和。

架空配电线路的安全距离：为确保架空配电线路运行安全，需确保架空配电线路与其他设施保持必要的安全距离，见表 2-15～表 2-20。

架空线路防护区内，需注意以下保护要求：严禁进行开槽、开挖建筑基础等大型土建工作；在防护区内经过允许的施工工地开工前，施工单位应及时与运维单位签订电力线路保护协议。运维单位应审核施工单位的电缆线路保护方案，待方案落实并验收合格后施工单位方可开展土建工作；防护区内施工需搭设安装防护架、防护网，运维人员应在现场监督；搭设的防护架应有相应的防火措施，防护架对电力设施的安全距离应满足相关要求；使用吊车的工地，还须在保护架顶端架设警示灯；防护区内应按规定开辟线路通道，对新建线路和原有线路开辟的通道应严格按规定验收。

表2-15 架空配电线路与铁路、道路、通航河流、管道、索道及各种架空线路交叉或接近的基本要求 （单位：m）

项目	铁路 标准轨距／窄轨	铁路 电气化铁路（城市轨道交通）	公路 高速公路、一级公路	公路 二、三、四级公路	电车道 有轨及无轨	河流 通航	河流 不通航	弱电线路 一、二、三级	电力线路(kV) 1以下	1~10	35	110	220	500	特殊管道	一般管道、索道	人行天桥
导线最小截面积	铝线及铝合金线50mm²，铜线为16mm²（不小于相邻线路段导线截面）																
导线在跨越档内的接头	不应接头	—	不应接头	—	不应接头	不应接头	—	不应接头	交叉不应接头	交叉不应接头	—	—	—	—	不应接头	—	—
导线支持方式	双固定	—	双固定	单固定	双固定	双固定	单固定	—	双固定	双固定	—	—	—	—	双固定	—	—
最小垂直距离 10kV	7.5（至轨顶）	平原地区配电线路入地（接触线或承力索）	7.0（至路面）	7.0（至路面）	3.0/9.0（至承力索或接触线／至路面）	6.0（至最高航行水位的最高船桅顶／至常年高水位）	3.0（至最高洪水位／冬季至冰面）	2.0（至被跨越线）	2	2	3	3	4	8.5	3.0（电力线在上面）	2.0/2.0（电力线在下面至电力线上的保护措施）	5（至人行天桥面）
最小垂直距离 1kV以下	7.5（至轨顶）	平原地区配电线路入地	6.0（至路面）	6.0（至路面）	3.0/9.0	6.0	3.0	1.0（至被跨越线）	1	1	3	3	4	8.5	1.5/1.5	1.5/1.5	4

续表

项目	铁路		公路		电车道	河流		弱电线路	电力线路（kV）						特殊管道	一般管道、索道	人行天桥
线路电压	标准轨距	电气化线路（城市轨道交通）	高速公路、一级公路	二、三、四级公路	有轨及无轨	通航	不通航	一、二、三级	1以下	1~10	35	110	220	500			
最小水平距离	电杆外缘至轨道边缘		电杆中心至路面边缘		电杆中心至路面边缘 / 电杆外缘至轨道中心	与河堤路平等的线路，边导线至斜坡上缘	最高电杆高度	在路径受限制地区，两线路边导线间	在路径受限制地区，两线路边导线间						在路径受限制地区，至管道任何部分		导线边线至天桥人行边缘
10kV	交叉：5.0：平行：杆高+3.0	平行杆+3.0 / 高+3.0	0.5		0.5/3.0	最高洪水位时，有抗洪抢险船只航行的河流，垂直距离由航运协商确定		2.0	2.5	2.5	5.0	5.0	7.0	13.0	2.0	2.0	4.0
1kV以下			0.5		0.5/3.0			1.0							1.5	1.5	2.0
备注			公路分级见表2-19，城市道路的分级、参照公路的规定			山区入地困难时，应协商，并签订协议		1）两平行线路在开阔地区的水平距离不应小于电杆高度；2）弱电线路分级见表2-20	两平行线路开阔地区的水平距离不应小于电杆高度						1）特殊管道指架设在地面上的输送易燃、易爆物的管道；2）交叉点不应选择管道检查井（孔）处，与管道平行、交叉时，管道、索道应接地		

注：

1. 1kV以下配电线路与二、三级弱电线路、与公路交叉时，导线支持方式不受限制。
2. 架空配电线路与弱电线路交叉时，交叉档弱电线路的木质电杆应有防雷措施。
3. 1~10kV电力用户线与工业企业内自用的同电压等级的架空线交叉时，接户线宜架设在上方；
4. 不能通航河流指不能通航也不能浮运的河流；
5. 对路径受限制地区的最小水平距离的要求，应计及架空电力线路导线的最大风偏；
6. 公路等级应符合JTJ001《公路工程技术标准》的规定。

表 2-16　　　　　　　　　　架空线路导线间的最小允许距离　　　　　　　　　单位：m

档距	40 及以下	50	60	70	80	90	100
裸导线	0.6	0.65	0.7	0.75	0.85	0.9	1.0
绝缘导线	0.4	0.55	0.6	0.65	0.75	0.9	1.0

注　考虑登杆需要，接近电杆的两导线间水平距离不宜小于 0.5m。

表 2-17　　　　　　　　　　架空线路与其他设施的安全距离限制　　　　　　　　单位：m

项目		10kV		20kV	
		最小垂直距离	最小水平距离	最小垂直距离	最小水平距离
对地距离	居民区	6.5	—	7.0	—
	非居民区	5.5	—	6.0	—
	交通困难区	4.5(4)	—	5.0	—
与建筑物		3.0(2.5)	1.5(0.75)	3.5	2.0
与行道树		1.5(0.8)	2.0(1.0)	2.0	2.5
与果树、经济作物、城市绿化、灌木		1.5(1.0)	—	2.0	—
甲类火险区		不允许	杆高 1.5 倍	不允许	杆高 1.5 倍

注　1. 垂直（交叉）距离应为最大计算弧垂情况下；水平距离应为最大风偏情况下。
　　2.（）内为绝缘导线的最小距离。

表 2-18　　　　　　　　　　架空线路其他安全距离限制　　　　　　　　　　　单位：m

项目	10kV	20kV
导线与电杆、构件、拉线的净距	0.2	0.35
每相的过引线、引下线与邻相的过引线、引下线、导线之间的净空距离	0.3	0.4

表 2-19　　　　　　　　　　　　　　　公路等级

公路等级	含义
高速公路（为专供汽车分向、分车道行驶并全部控制出入的干线公路）	1）四车道高速公路一般能适应按各种汽车折合成小客车的远景设计年限年平均昼夜交通量为 25000～55000 辆； 2）六车道高速公路一般能适应按各种汽车折合成小客车的远景设计年限年平均昼夜交通量为 45000～80000 辆； 3）八车道高速公路一般能适应按各种汽车折合成小客车的远景设计年限年平均昼夜交通量为 60000～100000 辆
一级公路（为供汽车分向、分车道行驶的公路）	一般能适应按各种汽车折合成小客车的远景设计年限年平均昼夜交通量为 15000～30000 辆。为连接重要政治、经济中心，通往重点工矿区、港口、机场，专供汽车分道行驶并部分控制出入的公路
二级公路	一般能适应按各种车辆折合成中型载重汽车的远景设计年限年平均昼夜交通量为 3000～15000 辆，为连接重要政治、经济中心，通往重点工矿、港口、机场等的公路
三级公路	一般能适应按各种车辆折合成中型载重汽车的远景设计年限年平均昼夜交通量为 1000～4000 辆，为沟通县以上城市的公路
四级公路	一般能适应按各种车辆折合成中型载重汽车的远景设计年限年平均昼夜交通量为：双车道 1500 辆以下；单车道 200 辆以下，为沟通县、乡（镇）、村等的公路

表 2-20　　　　　　　　　　　　　　　　弱电线路等级

弱电线路等级	含义
一级线路	首都与各省（直辖市）、自治区所在地及其相互联系的主要线路；首都至各重要工矿城市、海港的线路以及由首都通达国外的国际线路；由政府部门指定的其他国际线路和国防线路；铁道部门与各铁路局之间联系用的线路，以及铁路信号自动闭塞装置专用线路
二级线路	各省（直辖市）、自治区所在地（市）、县及其相互间的通信线路；相邻两省（自治区）各地（市）、县相互间的通信线路；一般市内电话线路；铁路局与各站、段相互间的线路，以及铁路信号闭塞装置的线路
三级线路	区（县）至乡（镇）的线路和两对以下的城郊线路；铁路的地区线路及有线广播线路

三、配电电缆线路及通道防护

电力电缆线路保护区：为保证电力电缆线路的安全运行和保障人民生活的正常供电而设置的安全区域。其中，地下电力电缆保护区的宽度为地下电力电缆线路地面标桩两侧各 0.75m 所形成的两平行线内区域；江河电缆保护区为敷设于二级及以上航道时，为线路两侧各 100m 所形成的两平行线内的水域；敷设于三级及以下航道时，为线路两侧各 50m 所形的两平行线内的水域；电缆终端和 T 接平台保护区根据电压等级参照架空电力线路保护区执行。电缆通道资源使用应遵循供电公司电缆通道资源使用管理规范，应按要求完成电缆通道的申请、现场勘查、审批、现场管理工作。

1. 电缆通道防护要求

不得在电缆沟、隧道内同时埋设其他管道，不得在电缆通道附近和电缆通道保护区内从事下列行为：在 0.75m 通道保护区内种植林木、堆放杂物、兴建建筑物和构筑物；未采取任何防护措施的情况下，电缆通道两侧各 2m 内的机械施工；电缆通道两侧各 50m 以内，倾倒酸、碱、盐及其他有害化学品；在水底电缆保护区内抛锚、拖锚、炸鱼、挖掘。

2. 电力电缆防火阻燃要求

按设计采用耐火或阻燃型电缆；按设计设置报警和灭火装置；变电站出线电缆通道、重要站所的进出线通道、电缆竖井、进出开关柜的电缆孔洞、配电终端线缆孔洞应做好封堵；改、扩建工程施工中，对于贯穿已运行的电缆孔洞、阻火墙，应及时恢复封堵；电缆接头应加装防火槽盒或采取其他防火隔离措施。变电站出线电缆 100m 内、重要站房内不应布置电缆接头；运维部门应保持电缆通道、夹层整洁、畅通，消除各类火灾隐患，通道沿线及其内部不得积存易燃、易爆物；

电缆通道临近易燃或腐蚀性介质的存储容器、输送管道时，应加强监视，及时发现渗漏情况，防止电缆损害或导致火灾；电缆通道接近加油站类构筑物时，通道（含工作井）与加油站地下直埋式油罐的安全距离应满足 GB 50156—2012《汽车加油加气站设计与施工规范》的要求，且加油站建筑红线内不应设工作井；在电缆通道、夹层内使用的临时电源应满足绝缘、防火、防潮要求。工作人员撤离时应立即断开电源；在电缆通道、夹层内动火作业应办理动火工作票，并采取可靠的防火措施。

变电站夹层宜安装温度、烟气监视报警器，重要的电缆隧道应安装温度在线监测装置，并应定期传动、检测，确保动作可靠、信号准确；严格按照运行规程规定对电缆夹层、通道进行巡检，并检测电缆和接头运行温度；电缆敷设时，相同电压等级相同用途的电缆之间的净距应大于等于 100mm；不同用途的电缆（例如通信电缆和电力电缆）之间的净距应大于等于 500mm；不同用途并且已经穿管的电缆（例如通信电缆和电力电缆）之间的净距应大于等于 60mm；电缆敷设时应上电缆沟道支架，高电压等级电力电缆敷设在最高层支架上，低压电力电缆依次敷设在下面，控制电缆敷设在最下面，电缆与支架之间应用橡胶垫隔开，以保护电缆；明敷的电缆不宜平行敷设在热力管道的上部，在隧道、沟、浅槽、竖井、夹层等封闭式电缆通道中，不得布置热力管道，严禁有易燃气体或易燃液体的管道穿越；爆炸性气体危险场所敷设电缆应符合下列规定：在可能范围应保证电缆距爆炸释放源较远，敷设在爆炸危险较小的场所。易燃气体比空气重时，电缆应埋地或在较高处架空敷设，且对非铠装电缆采取穿管或置于托盘、槽盒中等机械性保护；易燃气体比空气轻时，电缆应敷设在较低处的管、沟内，沟内非铠装电缆应埋砂。电缆在空气中沿输送易燃气体的管道敷设时，应配置在危险程度较低的管道一侧，易燃气体比空气重时，电缆宜配置在管道上方；易燃气体比空气轻时，电缆宜配置在管道下方。电缆及其管、沟穿过不同区域之间的墙、板孔洞处，应采用非燃性材料严密堵塞。电缆线路中不应有接头；如采用接头时，必须采取防爆措施。

3. 电力电缆外力破坏防护要求

在电缆及通道保护区范围内的违章施工、搭建、开挖等违反《电力设施保护条例》和其他可能威胁电网安全运行的行为，应及时劝阻和制止，必要时向有关单位和个人送达隐患通知书。对于造成事故或设施损坏者，应视情节与后果移交相关执法部门依法处理；允许在电缆及通道保护范围内施工的，运维单位必须严格审查施工方案，制定安全防护措施，并与施工单位签订保护协议书，明确双方职责。施工期间,安排运维人员到现场进行监护,确保施工单位不擅自更改施工范围;对临近电缆及通道的施工,运维人员应对施工方进行交底,包括路径走向、埋设深度、保护设施等,并按不同电压等级要求,提出相应的保护措施;对临近电缆通道的易燃、易爆等设施应采取有效隔离措施,防止易燃、易爆物渗入;临近电缆通道的基坑开挖工程,要求建设单位做好电力设施专项保护方案,防止土方松动、坍塌引起沟体损伤,且原则上不应涉及电缆保护区。若为开挖深度超过5m 的深基坑工程,应在基坑围护方案中根据电力部门提出的相关要求增加相应的电缆专项保护方案,并组织专家论证会讨论通过。

市政管线、道路施工涉及非开挖电力管线时,要求建设单位邀请具备资质的探测单位做好管线探测工作,且召开专题会议讨论确定实施方案;因施工挖掘而暴露的电缆,应由运维人员在场监护,并告知施工人员有关施工注意事项和保护措施。对于被挖掘而露出的电缆应加装保护罩,需要悬吊时,悬吊间距应不大于1.5m。工程结束覆土前,运维人员应检查电缆及相关设施是否完好,安放位置是否正确,待恢复原状后,方可离开现场;禁止在电缆沟和隧道内同时埋设其他管道。管道交叉通过时最小净距应满足表 2-21 要求。

表 2-21 电缆与电缆或管道、道路、构筑物等相互间容许最小净距

电缆直埋敷设时的配置情况		平行(m)	交叉(m)
控制电缆间		—	0.5*
电力电缆之间或与控制电缆之间	10kV 及以下	0.1	0.5*
	10kV 以上	0.25**	0.5*
不同部门使用的电缆间		0.5**	0.5*
电缆与地下管沟及设备	热力管沟	2.0**	0.5*
	油管及易燃气管道	1.0	0.5*
	其他管道	0.5	0.5*
电缆与铁路	非直流电气化铁路路轨	3.0	1.0
	直流电气化铁路路轨	10.0	1.0
电缆与建筑物基础		0.6***	—
电缆与公路边		1.0***	
电缆与排水沟		1.0***	
电缆与树木的主干		0.7	
电缆与 1kV 以下架空线电杆		1.0***	
电缆与 1kV 以上架空线杆塔基础		4.0***	

* 用隔板分隔或电缆穿管时可为 0.25m;

** 用隔板分隔或电缆穿管时可为 0.1m;

*** 特殊情况可酌减且最多减少一半值。

电缆路径上应设立明显的警示标识，对可能发生外力破坏的区段应加强监视，并采取可靠的防护措施。对处于施工区域的电缆线路，应设置警告标志牌，标明保护范围；应监视电缆通道结构、周围土层和邻近建筑物等的稳定性，发现异常应及时采取防护措施；敷设于公用通道中的电缆应制定专项管理措施；当电缆线路发生外力破坏时，应保护现场，留取原始资料，及时向有关管理部门汇报。运维单位应定期对外力破坏防护工作进行总结分析，制定相应防范措施；电缆与热管道（沟）及热力设备平行、交叉时，应采取隔热措施。电缆与电缆或管道、道路、构筑物等相互间容许最小净距应按照表 2-21 执行；水底电缆线路应按水域管理部门的航行规定，划定一定宽度的防护区域，禁止船只抛锚，并按船只往来频繁情况，必要时设置瞭望岗哨或安装监控装置，配置能引起船只注意的设施；在水底电缆线路防护区域内，发生违反航行规定的事件，应通知水域管辖的有关部门，尽可能采取有效措施，避免损坏水底电缆事故的发生；可能有载重设备移经电缆上面区段的非铠装电缆，应采用具有机械强度的管或罩加以保护；在有行人通过的地坪、堤坝、桥面、地下商业设施的路面，以及通行的隧洞中，电缆不得敞露敷设于地坪或楼梯走道上；在工厂的风道、建筑物的风道、煤矿里机械提升的除运输机通行的斜井通风巷道或木支架的竖井井筒中，严禁敷设敞露式电缆。

4. 电力电缆其他防护要求

重点变电站的出线管口、重点线路的易积水段定期组织排水或加装水位监控和自动排水装置；工作井正下方的电缆，应采取防止坠落物体损伤电缆的保护措施；电缆隧道放线口在非放线施工的状态下，应做好封堵，或设置防止雨、雪、地表水和小动物进入室内的设施；电缆隧道人员出入口的地面标高应高出室外地面，应按百年一遇的标准满足防洪、防涝要求；隧道的布置应与城市现状及规划的地下铁道、地下通道、人防工程等地下隐蔽性工程协调配合；对盗窃易发地区的电缆及附属设施应采取防盗措施，加强巡视；对通道内退运报废电缆应及时清理；在特殊环境下，应采取防白蚁、鼠啮和微生物侵蚀的措施；应加强对暂停使用的电缆通道的巡视工作，防止电缆被盗，发现被盗后应及时报警。

四、配电站房防护

1. 配电站室防火阻燃要求

配电站室内应配置不少于一组手提式干粉灭火器，放置在灭火器箱内，灭火器箱不得上锁。站室长度大于 7m 时，应在其两端均放置一组灭火器。灭火器上应注有名称、规格、型号、数量、保管人员、下次检修日期等；灭火器的箱盖上应粘贴灭火器使用说明，灭火器箱上方的墙面上应粘贴消防安全标志。

2. 配电站室通风要求

站室内应有通风设施，保证配电站室能够良好通风；通风设施内外采用防护网，并在外部加装防雨罩；通风设施宜具有温度和湿度自动控制功能，控制装置安装在专门的控制箱内。

3. 配电站室照明要求

站室内应安装低压配电箱，满足检修、测试用的电源及维护巡视用的照明；站室配电设备及裸母线的正上方不应安装灯具；照明和空调用的低压导线应采用护套绝缘导线暗敷方式，布线用塑料管应采用难燃型材料；采用密封型并带保护地线触头的保护型插座，安装高度不低于 1.5m。

4. 配电站室防潮要求

低洼地段、地下及半地下配电站室应配备空调、除湿机进行抽湿，站内应加装湿度报警装置及水泵，应按照标准配备防汛物资。

5. 配电站室防小动物要求

站室通往室外的门框处必须安装防小动物挡板，高度应不低于 400mm，并满足拆装方便；室内鼠药投放点及灭鼠装置不少于两处，墙面相应位置粘贴明显标识；与室外相通的通风孔应设防止鼠、蛇等小动物进入的网罩，其防护等级不低于 IP3X 级；站室四周不应堆放任何杂物，应保证 1～2 辆抢修车辆正常停放。站室各设备间应能保证正常进出。

6. 箱式变电站、户外环网防护

箱式变电站、户外环网宜加装围栏，周边不应堆放任何杂物；位于绿地内的，若植物、杂草附着在箱体外壳，或影响运维人员进出箱体，应进行清理；位于街道两侧的应粘贴防撞贴条；环网箱应放置于高于地面 50cm 的砌筑平台上，四面设置通风百叶窗。

五、配电自动化设备防护

接入配电自动化主站的终端应含加密芯片，包含通信线路保护、双向身份识别认证和数据加密等功能；采用光纤通信方式接入系统的终端均需关闭除了 2404 以外的端口服务；终端密码均需设置长度不小于 8 位含字母、数字和符号的强口令；终端、通信设备未使用的端口需进行物理封堵；加强开闭所、配电站房的物理防护，各类设备柜锁需完好，各类自动化终端锁具需完好；运维厂商等外部人员进行运维操作时，对工作现场严格执行工作票制度，班组人员应"同进同出"；终端联调仓库运维厂家人员进出时应做好登记，长时间不使用联调仓库时应对联调设备进行贴封条处理。

第四节　配 电 网 维 护

一、配电网维护总体要求

配电网维护主要包括一般性消缺、检查、清扫、保养、带电测试、设备外观检查和临近带电体修剪树枝、清除异物、拆除废旧设备、清理通道等工作。配电网运维单位应根据配电设备状态评价结果和反事故措施的要求，编制年度、月度、周维护工作计划，并组织实施，做好维护记录与验收。每月开展维护统计、问题分析、整改计划和经验总结。配电网维护工作应积极推广带电检测、在线监测等手段，及时、动态掌握各类配电网设备运行状态。应结合配电网设备在电网中的重要程度，以及区域、季节、环境特点，采用定期与监察巡视检查相结合的方法。

配电网维护应纳入设备资产精益管理系统（PMS3.0）、电网资源管理微应用（同源系统）等信息系统管理。对新建、改建、扩建设备应严格执行设备投运、变更制度并及时完善设备资产精益管理系统（PMS3.0）、电网资源管理微应用（同源系统）数据更新。各类系统设备信息应与现场设备信息相对应。

配电设备、设施的检查、维护和测量等工作应按标准化作业要求开展。配电网维护宜结合巡视工作完成，标准化流程如图 2-2 所示。

二、一般性维护主要内容

1. 设备检查

开关站、环网柜、配电室、箱式变电站、电缆分支箱清扫及各部件检查，开关维护性修理，接地装置检查，防小动物检查，防火器具检查补充，水底电缆水底路径情况检查等。

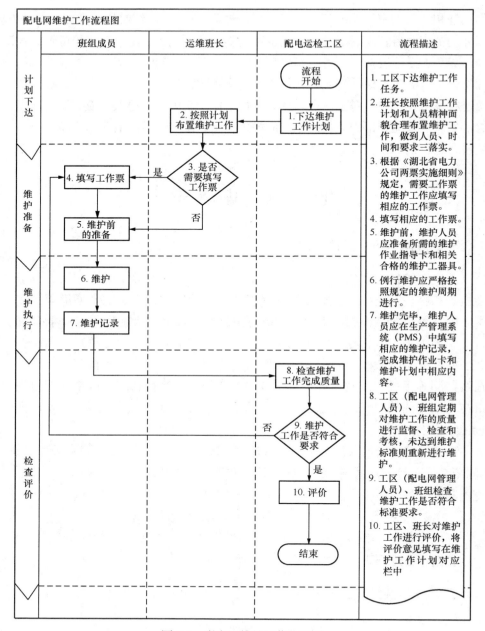

图 2-2 配电网维护工作流程图

2. 设备维护

构筑物修缮，配电设备防锈处理、标识完善，配电变压器调档，熔丝更换、房树线矛盾处理，电缆通道清理、防水等。

3. 测量工作

电压和负荷测量，接地电阻测量，导线弧垂、限距及交叉跨越距离测量，气体测试，红外成像，局放及其他带电检测等。

三、一般性维护工作标准

1. 架空线路维护标准

架空线路维护标准见表 2-22。

表 2-22　　　　　　　　架空线路的维护标准

序号	维护设备	主要维护内容	标准
1	杆塔	校正倾斜杆塔；更换、修复有裂纹、破损、铁塔镀锌层脱落、塔材开裂、锈蚀的杆塔；补全塔材；清除杆塔本体异物	1）混凝土杆本体倾斜度（包括挠度）小于 1.5%；50m 以下铁塔小于 1%； 2）混凝土杆横向裂纹宽度：小于 0.25mm，长度小于周长的 1/10
2	导线	调整弧垂；清除导线上悬挂异物；更换、修复存在缺陷的导线	1）设计值×110%≤弧垂值≤设计值×120%； 2）19 股导线中 1～2 股、35～37 股导线中 1～4 股损伤深度不超过该股导线的 1/2；绝缘导线线芯在同一截面内损伤面积小于线芯受电部分截面积的 10%； 3）连接处实测温度小于 75℃，或相间温差小于 10K； 4）一耐张段内裸导线无散股、灯笼现象，绝缘线有小于两处的绝缘破损、脱落现象
3	绝缘子	校正、坚固倾斜绝缘子；更换存在缺陷（家族缺陷）的绝缘子	固定牢固，表面无污秽、裂纹、放电痕迹
4	金具	坚固连接松动、脱落的金具；更换淘汰、腐蚀、变形、断裂、烧损金具	1）线夹连接处实测温度小于 75℃，或相间温差小于 10K； 2）各连接处无松动、锈蚀，绝缘罩完好； 3）横担安装牢固、平整，左右偏歪小于横担长度的 2%，帽（栓）齐全
5	拉线	调整松弛拉线；更换存在缺陷的拉线金具和钢绞线；补全、修复拉线防护设施	拉线无断股，松弛度适中，金具、拉棒无锈蚀、变形
6	基础	填补松动、上拔、滑坡、埋深不足的杆塔基础；修复、补全缺失、损坏的防护设施；开挖检查	1）杆塔基础埋深大于 95%；沉降值不小于 5cm； 2）开挖检查（运行工况基本相同的可抽样）铁塔、钢管塔金属基础和盐、碱、低洼地区混凝土杆根部，每 5 年 1 次，发现问题后每年 1 次

续表

序号	维护设备	主要维护内容	标准
7	通道	1) 清除配电架空线路保护区内通道内产权单位（个人）的堆积物，易燃、易爆物品和腐蚀性液（气）体； 2) 清除配电架空线路周围威胁线路安全的蔓藤、鸟障、树木类植物、障碍物（彩钢房屋、临时建筑、塑料大棚等）； 3) 清理位于特殊地理位置的耐张杆、"T" 接杆、联络杆路径通道上影响通行的树、藤障	1) 水平（最大风偏）：裸导线大于 2.5m；绝缘线大于 1.5m； 2) 垂直（最大弧垂）：裸导线大于 2m；绝缘线大于 1m
8	其他	补全线路相序标识、验电接地环、故障指示器、驱鸟设备；更换未采取铜铝过镀方式连接的 "工" 字线、带电线环	根据线路结构，有针对性地进行补充

2. 电缆线路维护标准

电缆线路维护标准见表 2-23。

表 2-23 电缆线路的维护标准

序号	维护设备	主要维护内容	标准
1	本体	主绝缘值下降；外护套破损、变形；埋深不足、交叉处未设置防火挡板	试验周期、要求按照 Q/GDW 11838—2018《配电电缆线路试验规程》执行
2	终端头	电气连接处发热；污秽、有裂纹（撕裂）、破损；进出孔洞未封闭或封闭不严	1) 实测温度小于 75℃，或相间温差小于 10K； 2) 终端完好，封堵严密
3	中间头	破损，水浸泡，杂物堆压	1) 整体完好无破损，无污水浸泡杂物堆压； 2) 摆放整齐，标识清晰，无弯曲受力现象； 3) 有防爆盒
4	接地	松动、锈蚀、埋深不足	1) 通道良好，接地电阻小于 10Ω； 2) 埋深：耕地，>0.8m；非耕地，>0.6m
5	通道	基础破损、下沉；墙体松动、垮塌；盖板缺失、破损、有缝隙；井（沟）内积水、杂物、可燃、有害气体；孔洞封堵不严；防火阻燃措施缺失、损坏	1) 按照 Q/GDW 10742—2016《配电网施工检修工艺规范》执行； 2) 基础完好，牢固。无沉降、开裂现象。盖板平整，无缺失、破损、间隙。沟内无渗水、积水、杂物。孔洞封堵严密
6	其他	更换锈蚀、腐烂、变形的电缆支架；清除未经批准进入的低压弱电、通信线路；监控临近平行、交叉电缆通道的供水、供气、弱电管网运行情况	涉及信通公司管理通信线路，应由通信公司落实整改

3. 配电变压器维护标准

配电变压器维护标准见表2-24。

表 2-24　　　　　　　　　　配电变压器的维护标准

序号	维护设备	主要维护内容	标准
1	高、低压套管	套管污秽、破损、裂纹，有放电、闪络痕迹；绝缘值下降；套管绝缘罩缺失、老化、污秽、松脱	1）表层干净、釉色正常，无麻点，本体完好无缺口； 2）绕组及套管绝缘电阻值小于初始值的20%
2	电气连接	连接点连接松动，有缝隙；螺栓松脱、线夹、引线烧损	1）各连接点连接牢固，无发热、烧损现象； 2）实测温度小于75℃，或相间温差小于10K； 3）线夹平整，引线张弛适度
3	绕组	响声异常；器身温度升高	1）高压绕组三相不平衡率小于2%；低压绕组三相不平衡率小于4%； 2）干式变器身温度小于厂家允许值的10%
4	分接开关	机构卡涩无法操作；防护罩密封圈老化密封不严	根据评价结果进行检修
5	冷却系统	温控系统损坏、风机无法启动、探棒功能丧失；油箱锈蚀、渗油；油位计、呼吸器污秽、破损；硅胶变色	1）上层油温小于95℃； 2）硅胶变色小于2/3； 3）箱体无锈蚀、渗油； 4）油位正常
6	绝缘油	耐压试验不合格，颜色变深	耐压试验合格大于25kV
7	非电量保护装置	电气监测装置故障，二次回路绝缘电阻不合格，压力释放阀破损、故障，气体继电器内有气体，气体保护有信号	1）非电量保护装置应运行正常，本体无故障； 2）压力释放阀锁扣应在投运前打开； 3）二次回路绝缘电阻大于1MΩ
8	其他	双杆式台架结构松动，金具缺失。对地距离不足，本体倾斜。消除本体异物	1）双杆式变压器台架宜采用槽钢，厚度＞10mm，并经热镀锌处理； 2）对地距离＞2.5m，水平倾斜度＜根开的1/100

4. 柱上设备维护标准

柱上设备维护标准见表2-25。

表 2-25　　　　　　　　　　柱上设备的维护标准

序号	维护设备	主要维护内容	标准
1	本体	套管外壳破损、裂纹、闪络、污秽；开关本体锈蚀，绝缘电阻、直流电阻检测不合格；电气连接点发热；操作拒动；分、合指示、标识异常。	1）套管整体完好，无破损、污秽、闪络放电现象； 2）电气连接牢固、紧密； 3）实测温度小于75℃，或相间温差小于10K； 4）绝缘电阻折算20℃下大于500MΩ； 5）主回路直流电阻小于初始值的20%； 6）分、合闸操作正常，机械、电气指示正确并与开关实际位置一致； 7）引线连接紧密，相间距离大于300mm，对地距离大于200mm

续表

序号	维护设备	主要维护内容	标准
2	隔离开关	动、静触头锈蚀、卡涩；电气连接点发热；绝缘支柱瓶破损，表面闪络、污秽	1）动静触头紧密，无松弛、卡涩现象；绝缘支柱完整，无裂纹、闪络现象； 2）电气连接点牢固； 3）实测温度小于 75℃，或相间温差小于 10K； 4）引线连接紧密，相间距离大于 300mm，对地距离大于 200mm
3	控制器	控制器柜门变形，密封不严；二次控制回路故障；电容、电池组老化、损坏，丧失充储功能	1）开关控制柜应整体完好，柜门密封严实，无渗雨、受潮现象； 2）控制面板应显示正常，电气指示灯显示正常并与开关实际位置一致； 3）电池、电容、充电模块工作正常，电池电压≥额定电压； 4）航空插头连接牢固，并有防雨水渗入防护
4	熔断器	固定松动，绝缘子破损、污秽、闪络；上下触头锈蚀、疲劳松脱；保险管烧损，底座、触头烧熔、变形；操作有弹动	1）安装牢固，外观完整，无破损、闪络、污秽现象； 2）上下触头无变形、锈蚀、烧熔现象； 3）绝缘子中心孔洞无异物填充； 4）保险管完好，无烧损、变形现象，操作灵活，松弛适中； 5）引线连接紧密，相间距离大于 300mm，对地距离大于 200mm，水平相间距离大于 500mm； 6）熔丝轴与地面垂线夹角 15°～30°
5	其他	清除本体异物；柜门钥匙、摇控器管理	1）本体、支架无异物，宜安装防鸟障装置； 2）柜门应加锁，钥匙、摇控器应统一保管。摇控器电池在未使用前宜拆出，蓄电池宜由专人收集、保养

5. 开关柜设备维护标准

开关柜设备维护标准见表 2-26。

表 2-26　　　　　　　　　开关柜设备的维护标准

序号	维护设备	主要维护内容	标准
1	母排	表层氧化、腐蚀、闪络、凝露	1）表层平整光滑，无闪络、凝露、污秽现象，安装牢固； 2）主体绝缘电阻折算 20℃下大于 500MΩ；实测温度小于 75℃，或相间温差小于 10K
2	绝缘子	绝缘套管、支柱老化、破损、污秽、闪络，连接松动	1）整体完好，无破损、闪络、凝露、污秽现象，安装牢固； 2）主体绝缘电阻折算 20℃下大于 500MΩ
3	操动机构	拒动、锈蚀、卡涩，机械指示与操作位置不对应，联锁、闭所装置故障；操作工具遗失	1）操动机构应灵活可靠，机械指示与电气指示和设备实际位置一一对应且显示清晰； 2）联锁、闭锁机构应牢固可靠无故障，"五防"装置应功能完整； 3）现场操作工具齐全，无锈蚀、损坏、变形
4	仪器仪表、带电显示	显示不正常或不显示	1）仪器仪表应显示正常，与保护装置监测数据、系统实时监测数据保持一致； 2）分合闸、储能指示灯、带电显示应与设备实际状态一致； 3）故障指示器应定期更换电池，进行现场试验并复归

续表

序号	维护设备	主要维护内容	标准
5	保护装置	黑屏、保护装置损坏；直流屏、UPS电源故障	1）保护装置应正常投入使用，黑屏要查明原因，损坏要及时更换； 2）保护连接片、定值、参数设置应执行定值单数据； 3）直流屏、UPS电源应定期检查电池充电及电池本体状况； 4）按定值单校核保护、定值设置，保护定值宜实行动态管理
6	二次回路	端子排松动、接触不良；二次回路开路、短路、断线	1）端子排应无灰尘、污秽，接连牢固，无松动、脱线； 2）编码管应齐全，编码应清晰
7	柜体外壳	破损、变形、锈蚀、渗水、锁具缺失	1）外壳、柜体整体应完整，无破损、变形、开裂、腐烂、锈蚀、渗水现象； 2）外壳门应牢固，关闭严密无缝隙，锁具齐全； 3）开关柜整体应平整，垂直度小于1.5mm/m，相邻两柜顶部水平误差小于2mm，成列柜顶部小于5mm

6. 辅助设备维护标准

辅助设备维护标准见表2-27。

表 2-27 　　　　　　　　　　辅助设备的维护标准

序号	维护设备	主要维护内容	标准
1	避雷器	破损、污秽、外壳裂纹、有闪络放电痕迹	1）整体完好，无破损、裂纹、污秽、放电痕迹； 2）绝缘电阻大于2000MΩ； 3）安装牢固，引线接触良好，无发热现象
2	互感器	破损、开裂、有放电痕迹	1）整体完好，无裂纹、破损和放电痕迹； 2）绝缘电阻折算20℃下一次侧大于1000 MΩ，二次侧>1 MΩ； 3）二次侧负荷功率不大于额定功率
3	电容器	套管破损、有裂纹、有放电痕迹；本体锈蚀、渗漏、鼓肚	1）整体完好，无裂纹、放电痕迹、渗漏、鼓肚现象，无异响； 2）实测温度小于50℃
4	直流屏	蓄电池桩头锈蚀、鼓肚、渗液、容量不足；电压、浮充电流异常；电源箱、直流屏指示信号异常；充电模块装置屏故障	1）设备整体完好，柜内清洁、干燥； 2）仪表、信号显示应正常； 3）电池完好，连接线应满足载流量要求。蓄电池核对性充放电试验，每年1次，测量蓄电池端电压，每季度1次

7. 建（构）筑物维护标准

建（构）筑物维护标准见表2-28。

表 2-28　　　　　　　　　　　建（构）筑物的维护标准

序号	维护内容	维护要点	标准
1	站房	站房内外有杂物、脏乱；建筑物门、窗、防护网破损、锈蚀；房屋、基础下沉、开裂、屋顶漏水、积水，沿沟堵塞；站房内设施不全	1）房屋整体结构牢固，无下沉、开裂、漏雨现象； 2）站房内卫生清洁、温度正常，无异味，无杂物； 3）站房内通风、照明、排水除湿、消防设备齐全，运行正常； 4）一次接线图正确完整； 5）常用工具完好齐备，摆放整齐； 6）防小动物措施完好
2	环网、箱式变电站	破损、开裂、下沉；通风孔防护网缺失、锈蚀、腐烂；基坑内积水、有杂物，孔洞封堵不严	1）基础完好，牢固； 2）无沉降、开裂现象； 3）通风孔、防护网完好，无缺失、破损、锈蚀，通风孔处无影响通风效果的障碍物； 4）基坑内无渗水、积水、杂物； 5）孔洞封堵严密

8. 配电自动化及通信终端设备维护标准

补全、更换缺失、破损、脱落、模糊不清的标识标示；补全缺失的内部线缆连接图等；清除外壳壳体污秽，修复锈蚀、开裂、缺损、油漆剥落的壳体；对终端上有严重污秽的部件，应用干净的毛巾配合清洁剂擦拭；紧固松动的插头、连接片、端子排等；修复关闭不良的柜门，更换破损的门锁，对封堵不良的电缆孔洞进行封堵；修复或者更换异常的二次安全防护设备；修复、更换连接松动、锈蚀的接地引线；更换出现渗液、老化、浮充电流异常等现象的蓄电池；排查通信信道异常，处置与主机信息不通故障；校核定值、参数设定、遥测数据、遥信位置信息，做好相关数据的常态备份工作。

9. 仪器仪表维护标准

每年 1 次定期维护绝缘电阻表、万用表、钳形电流表、红外测温仪、测距仪、开关柜局放仪等仪器仪表。维护的主要内容包括外观检查、绝缘电阻测试、绝缘强度测试、器具检定、电池充放电等。

四、标识标示维护

1. 标识标示维护原则

供电公司产权所属范围内的 20kV 及以下配电线路、设备、设施的命名、编号管理及标识标示的制作安装应按规范执行；供电区域内电力用户接入 10（20）kV

公共电网的设备编号命名也应遵照执行。运检单位应对辖区配电设备编号及命名进行统一管理，并逐步规范设备的现场标志标识。所有运行设备都必须有明确的编号，其中 20（10）kV 线路及馈线断路器还必须有双重编号（线路名称、断路器编号）。设备现场标示牌、警示牌应完好、齐全、清晰、规范，装设位置应明显直观。设备运行方式变动、新投运及改造后的配电线路及其设备应在投运后 3 个工作日内完成标识的改动，期间应使用相应的临时标识。

2. 标识标示命名原则

（1）线路命名原则。

1）变电站馈线命名。变电站 10（20）kV 馈线命名原则：电压等级+断路器编号构成+特征字（三至五个汉字）。例如"10kV 江 56 江治线""10kV 栖 56 长广二回""20kV 物 410 物高一回"，特征字可为变电站名的运行简称加上主要道路、地标、配电站所、沿线乡镇村等关键字；或为所供用电负荷的位置简称。对于开闭所的主进线电源线路可以变电站名和开闭所名的简称加"线"或"回"命名；两座变电站之间的联络线路以两座变电站名称中各取一字为特征字，不得重名。同源系统中馈线应与变电站馈线对应。

2）分支线命名。10（20）kV 分支线命名原则：馈线名称+分支线名称，分支线名称一般以所在位置为特征字，例如"10kV 六 43 华师线红胜支线"。开闭所、环网箱间隔和架空线分支线均以分支线方式命名，且不应在同源系统中定义为馈线。

3）用户专线命名。10（20）kV 用户专线命名原则参考公用线路，一般以用户名为特征字，例如"10kV 珞 43 省委线"。

（2）杆塔命名原则。

1）线路杆塔命名。10（20）kV 线路杆塔命名原则：线路名称+杆塔编号，其中杆塔编号为特征字+一至三位数字编号+#，特征字宜为道路名称、地标等，也可省略。例如"10kV 江 56 江治线顺道街 8#""10kV 六 43 华师线珞喻路 3#"等。

2）分支线杆塔命名。分支线杆塔命名原则：分支线名称+杆塔编号，其中杆塔编号为特征字+一至三位数字编号+#，例如"10kV 六 53 华师线红胜支线 8#"。如在线路上 T 接少量杆塔，可在 T 接的杆塔编号后增加"-序号+#"，例如"10kV 江 56 江治线顺道街 33-1#""10kV 江 56 江治线顺道街 33-2#"等。

3）新增杆塔命名。新增杆塔命名原则：以新增杆塔的电源侧电杆为基础杆，新增杆塔命名为"基础杆塔名称+英文大写字母顺序编号+#"，例如"10kV 六 53 华师线红胜支线 2A#""10kV 六 53 华师线红胜支线 2B#"等。

4）杆塔命名注意事项。线路杆塔名称应唯一，不得重名。多回线路共杆的杆塔名称应为同杆架设的所有线路名称（含分支线）+杆塔编号。10（20）kV 线路与 0.4kV 线路同杆架设的杆塔，应有低压独立编号，低压编号原则遵循低压杆塔命名原则。

（3）开关站及所内高压柜命名原则。

1）开关站命名。10（20）kV 开关站命名原则：电压等级+特征字（二至五个字符）+开关站，特征字宜为小区、道路、园区等名称，例如"10kV 世纪花园开闭所"。

2）开关站内母线命名。开关站内母线命名原则：根据开关站母线分段情况命名为"1#母线""2#母线"等。

3）开关柜编号命名。开关柜编号命名原则：结合开关柜的功能和所在母线位置命名。1 号母线依次以奇数号命名，如"01 柜""05 柜"……"11 柜"等；2 号母线依次以偶数号命名，如"02 柜""04 柜"……"10 柜"等。如开闭所控制有母联柜，则联络柜命名为"03 柜"，母联隔离柜命名为"031 柜"。1 号、2 号母线所用变柜分别命名为"所01 柜""所02 柜"，TV 柜分别命名为"互01 柜""互02 柜"。以上规则适用于配电室内高压户内环网单元。

4）开关柜内断路器和隔离开关（刀闸）命名。开关柜内断路器和隔离开关（刀闸）命名原则：断路器与所属的开关柜编号保持一致，依次命名为"01 开关""05 开关""11 开关"等。与断路器配合使用的隔离开关（刀闸）命名原则：从属于断路器编号，在断路器编号后加一个数字。靠母线侧隔离开关（刀闸）为"011 刀闸"，靠线路侧隔离开关（刀闸）命名为"016 刀闸"，接地隔离开关（刀闸）命名为"019 刀闸"，如为小车开关上下隔离不编号。以上规则适用于配电室内高压户内环网单元。

（4）户外环网柜、高压电缆分支箱及柜内开关命名原则。

1）环网柜命名。10（20）kV 环网柜命名原则：馈线名称（不带开关编号）+特征字（二至五个字符）+环网柜（分支箱）。

2）开关柜命名。开关柜命名原则：从进线到馈线依次编号，如"01 柜""02 柜""03 柜"……，原则上环进应为"01 柜"，环出为"02 柜"，"03 柜"为联络线路预留柜，其余为馈线柜。TV 和配电自动化终端单独命名为"TV 柜"和"DTU 柜"。

3）环网柜内断路器和隔离开关（刀闸）命名。环网柜开关柜内断路器和隔离开关（刀闸）命名原则：断路器命名与所属的开关柜编号保持一致。

（5）柱上开关设备命名原则。

1）柱上开关命名原则：区域简称+开关编号+开关类型。区域简称根据不同区域采用一个汉字表示，汉口为"汉""常""硚"；武昌为"昌""洪""城"；汉

阳为"阳"；东新为"新"；经开为"经"；黄陂为"陂"；新洲为"洲"；江夏为
"夏"；汉南为"南"；东西湖为"湖"；蔡甸为"蔡"。开关编号为三位数字，区
域内不可重复。例如"汉 411 开关""汉 041 联""汉 413 熔"等。

2）柱上隔离开关命名原则：电源侧命名为"从属的柱上开关编号+1+隔离开
关"，负荷侧命名为"从属的柱上开关编号+2+隔离开关"，例如汉 4131 隔离开关、
汉 4132 隔离开关。

（6）变压器命名原则。配电变压器命名原则：对于城区运检单位配变为"五位
数字（大写字母）编号+配变"。5 位数字（大写字母）编号第一位为区域特征号：
汉口为 1～3，汉阳为 4，武昌为 5～7，东新为 8，经开为 9；其余四位数字可选
用数字、大写字母组合，不得重复。对于新城区运检单位配变为"特征字+配变"。
特征字可为主要道路、地标、配电站所、沿线乡镇村等关键字。

（7）箱式变电站、配电室命名原则。箱式变电站、配电室命名原则：馈线名
称（不带开关编号）+特征字（二至五个字符）+箱式变电站（配电室）。箱式变
电站、配电室内的高压柜命名方式参照开闭所内高压柜。

（8）高压电缆命名原则。10kV 高压电缆命名归属于线路命名中，不对单根
电缆进行单独命名，所有相关信息在电缆标识上标注。以其起点和终点设备的编
号进行编号，对同一起止点两条以上电缆的，分别以Ⅰ、Ⅱ进行区分。

（9）配电自动化终端设备命名原则。配电自动化终端命名原则：结合自动化
终端的功能和控制母线位置命名。站房终端命名为 DTU 柜，如"DTU1 柜""DTU2
柜"；馈线终端命名为 FTU 柜，如"FTU 柜"；配变终端命名为"TTU 柜"。

（10）低压设备命名原则。

1）低压配电箱（JP 柜）命名。低压配电箱命名原则：配电变压器名称＋0.4kV＋
配电箱，如"20705 配电变压器 0.4kV 配电箱"。低压配电箱、箱式变压器内开关，
非出线开关命名原则：配电变压器名称＋K＋00＋开关，如"20705 配变 K00 开
关"；出线开关（含联络开关）命名原则：配电变压器名称＋K＋顺序号＋开关，
顺序号采用两位数字，且从 01 开始命名，如"20705 配变 K01 开关"。

2）低压杆塔命名。低压干线杆塔命名原则：配变名称＋0.4kV＋出线开关编
号＋顺序号，如 20705 配变 0.4kV 02-7#杆。低压分支线杆塔命名原则：配变名称＋
0.4kV＋出线开关编号＋分支线所 T 接的干线杆塔（或分接箱）编号＋顺序号，
如"20705 配变 0.4kV 02-08-1#杆"。多级分支线路杆塔不考虑级别关系，按顺序
依次编号。

3）低压线路命名。低压线路命名原则：配变名称＋0.4kV＋顺序号＋线路，
如"20705 配变 0.4kV 002 线路"。

4）低压电缆（含预分支）、密集母线命名。不对单根电缆及密集母线进行单独命名，所有相关信息在电缆及密母标识上标注。低压电缆、密集母线以其起点和终点设备的编号进行命名，对同一起止点两条（段）以上电缆或密母的，分别以Ⅰ、Ⅱ进行区分，如"20705 配变 0.4kV 02-7#杆至 02-8#杆电缆""0.4kV D01出线柜至 1 栋 1 单元预分支Ⅰ""0.4kV D03 出线柜至 3 栋 3 单元密母Ⅱ"。

5）低压电缆分接箱命名。低压电缆分接箱命名原则：配变名称 + 0.4kV + 出线开关编号 + F + 顺序号 + 电缆分接箱，不考虑分电箱之间的联络级别关系，按顺序依次命名，如"20705 配变 0.4kV K02F3 电缆分接箱"。

6）低压开关柜命名。低压开关柜命名原则：0.4kV + D + 顺序号 + 功能名称。顺序号以面向开关柜操作面，从左至右进行依次编号，如"0.4kV D01 出线柜"。

7）反孤岛装置命名。反孤岛装置原则：配变名称 + 0.4kV + 顺序号 + 反孤岛装置，如"20705 配变 0.4kV 01#反孤岛装置"。

8）低压配电箱、开关柜内装置命名。低压配电箱、开关柜内的装置（低压无功补偿装置、断路器、剩余电流保护器、隔离开关、熔丝等）命名原则：上级设备名称 + 该设备名称，如"0.4kV D03 柜断路器"。此类装置因从属性较强，且可粘贴空间较小，此部分标识仅标示出该设备名称即可，需描述断路器出线至负荷侧的去向。

9）低压母线插接箱命名。低压母线插接箱命名原则：所在密集母线名称 + 顺序号，如"0.4kV D03 柜至 3 栋 3 单元密母Ⅱ01 插接箱"。

3. 标识标示安装原则

（1）A、B、C 三相。10（20）kV 及以上线路用黄、绿、红三色表示 A、B、C 相，0.4kV 线路用黄、绿、红、蓝四色表示 A、B、C 及中性线。

（2）配电线路出线处。变电站配电线路的出口应有配电线路名称、编号和相位标志。架空配电出线的标志设在出线套管下方（或构架上）。电缆配出线的标志设在户外电缆头下方。所有爬梯必须安装"禁止攀登、高压危险"标示牌。

（3）开关标识。柱上开关、隔离开关、跌落开关标示牌、警示牌统一安装在开关支架中部下方或电杆上，和线路杆号牌同方向，其内容应便于线路巡视人员观察。

（4）地面安装的配电变压器。地面安装的配电变压器，其四周应装设高度不小于 1.7m 的围栏，围栏与变压器外廓距离不小于 1m，围栏正面应悬挂"止步，高压危险"警示牌。

（5）电缆标识牌。电缆标识牌应悬挂在电缆终端头、中间头、转弯处、所有工井或电缆通道内，采用塑料扎带、捆绳等非导磁金属材料每隔 5～30m 牢固固定，要求在电缆敷设或电缆头安装到位后立即安装。工井内电缆标示牌应在电缆工井进出口分别绑扎。爬杆电缆应绑扎在电缆保护管封堵口上方同时并在距离地面 2.5m 处安装设备名称牌，名称牌要安装在明显位置，便于巡视人员、行人发现。分接设备内的电缆标示牌应绑扎在分接箱、环网柜电缆头三指套下方处 10mm处。电缆终端头标识牌应绑扎在电缆终端头三芯指套上方 10mm 处，电缆中间头标识牌应绑扎在电缆中间头，防止脱落后无法对应。

（6）电缆标志桩、板。电缆标志桩、板在埋设时，应确保位于人行道时应与地面保持水平，位于草坪等时应高出地面。电缆通道为直线段时，电缆标志桩、板每隔 15m 均匀埋设；为转角处、交叉处时，每隔 5～10m 埋设，电缆进出工井、隧道及建筑物时，应在出口两侧装设标识牌，电缆中间接头处应埋设相应电缆标志物。

（7）安装部位材料。各种高低压盘柜标识牌应统一安装在柜体顶端中间位置，前后两侧分别安装。各种标识牌、警示牌可选用胶带纸、反光铝板、搪瓷、不锈钢等材料制作，杆号等采取绑扎、贴膜方式。电缆类标识牌应具有防火功能。

4．标识安装及制作要求

标识安装及制作要求见表 2-29。

表 2-29　　　　　　　　　　标识安装及制作要求

标识类别	分类	制作要求	安装方式
杆塔标识	单回杆塔、分支线杆塔、低压杆塔	1）材料：亮光带射频芯片不干胶； 2）制作标准。形状：矩形，尺寸：单回双回 250mm×200mm，三回 250mm×300mm，四回 350mm×250mm；字体：黑体；字号根据内容调整，应清晰美观；颜色：白底红字；边框 8 磅；边框外留白根据打印型号控制在 10～15mm	1）线路杆号牌安装在顺线方向面向电源侧同向安装；门型杆安装在面向电源侧左侧电杆上； 2）安装高度：距离电杆所在处水平地面垂直距离为 2.5m
杆塔标识	双回杆塔		
杆塔标识	三回杆塔		
杆塔标识	四回杆塔		
站所标识	开闭所门口	1）材料：不锈钢； 2）制作标准（形状为矩形、尺寸见样例）	站所标识牌安装在面对站房左上角显著位置
站所标识	配电室	1）材料：亮光带射频芯片不干胶； 2）制作标准。形状：矩形，尺寸：250mm×200mm；字体：黑体；字号根据内容调整，应清晰美观；颜色：白底红字；边框 8 磅；边框外留白根据打印型号控制在 10～15mm	
站所标识	箱变、环网柜	1）材料：亮光带射频芯片不干胶； 2）制作标准。形状：矩形，尺寸：250mm×200mm；字体：黑体；字号根据内容调整，应清晰美观；颜色：白底红字；边框 8 磅；边框外留白根据打印型号控制在 10～15mm	

续表

标识类别	分类	制作要求	安装方式
开关柜标识	开闭所内开关柜	1）材料：亮光带射频芯片不干胶； 2）制作标准。形状：矩形；柜号尺寸：125mm×60mm；来受电设备尺寸：60mm×250mm；字体：黑体；字号根据内容调整，应清晰美观；颜色：白底红字；边框 8 磅；边框外留白根据打印机型号不同应控制在 5～10mm	开关柜应标识开关柜编号及来、受电侧设备或用户名称； 1）开关柜编号标识牌安装在柜体顶端中间位置； 2）来、受电侧设备或用户名称的标识牌，应安装在开闭所内开关柜电缆室中间位置，且避开观察窗；或安装在环网单元开关室面板空白位置，不得安装在可活动的面板上
	环网单元		
变压器标识	柱上变压器	1）材料：亮光带射频芯片不干胶； 2）制作标准。形状：矩形；尺寸：125mm×60mm；字体：黑体；字号：根据内容调整，应清晰美观；颜色：白底红字；边框 8 磅；边框外留白根据打印机型号不同应控制在 5～10mm	柱上变压器标识牌悬挂或粘贴在配变台架上，内容面朝巡视易见侧，具体位置为变压器下配电变压器台架的左侧箱式变压器，名称悬挂在或粘贴在箱式变压器的正面高压室门中央，箱式变压器两侧悬挂警示标志，悬挂或粘贴地点底部离地 1.6m（具体按箱式变压器尺寸定）
	户内变压器（油、干）	1）材料：亮光带射频芯片不干胶； 2）制作标准。形状：矩形；尺寸：125mm×60mm；字体：黑体；字号：根据内容调整，应清晰美观；颜色：白底红字；边框 8 磅；边框外留白根据打印机型号不同应控制在 5～10mm	1）油变压器安装于变压器室大门口； 2）干式变压器安装于外壳的左侧，悬挂或粘贴地点底部离地 1.6m
电缆标识	电缆终端及中间接头	1）材料：亮光带射频芯片不干胶； 2）制作标准。形状：矩形；尺寸：125mm×60mm；字体：黑体；字号：根据内容调整，应清晰美观；颜色：白底黑字	电缆标识牌现场布置： 1）标识牌应在其长边两端打孔，采用塑料扎带、捆绳等非导磁金属材料牢固固定，各种标识牌应提前制作好，在电缆敷设或电缆头安装到位后立即安装； 2）电缆标示牌应在分接箱、环网柜电缆头三芯指套处 10mm 处； 3）电缆标示牌应在电缆工井进出口分别绑扎； 4）爬杆电缆应绑扎在电缆保护管封堵口上方
柱上断路器标识	柱上断路器	1）材料：亮光带射频芯片不干胶； 2）制作标准。形状：矩形；尺寸：250mm×200mm；字体：黑体；字号：根据内容调整，应清晰美观；颜色：白底红字；边框 8 磅；边框外留白根据打印机型号不同应控制在 5～10mm	开关标识应粘贴于杆塔标识上端
	户外熔断器		
	柱上隔离开关（刀闸）		

续表

标识类别	分类	制作要求	安装方式
低压设备	低压配电箱（JP柜）	1）材料：亮光带射频芯片不干胶； 2）制作标准。形状：矩形；尺寸：250mm×200mm；字体：黑体；字号：根据内容调整，应清晰美观；颜色：白底红字；边框8磅；边框外留白根据打印机型号不同应控制在10～15mm	站所标识牌安装在面对站房左上角显著位置
	低压电缆分接箱		
	低压端子箱	1）材料：亮光带射频芯片不干胶； 2）制作标准。形状：矩形；尺寸：125mm×60mm；字体：黑体；字号：根据内容调整，应清晰美观；颜色：白底红字；边框8磅；边框外留白根据打印机型号不同应控制在5～10mm	
	低压配电箱内开关	1）材料：亮光带射频芯片不干胶； 2）制作标准。形状：矩形；尺寸：70mm×45mm；字体：黑体；字号：根据内容调整，应清晰美观；颜色：白底红字；边框8磅；边框外留白根据打印机型号不同应控制在5～10mm	
	低压母线插接箱		
低压开关柜	低压开关柜	1）材料：亮光带射频芯片不干胶； 2）制作标准。形状：矩形；尺寸：125mm×60mm；字体：黑体；字号：根据内容调整，应清晰美观；颜色：白底红字；边框8磅；边框外留白根据打印机型号不同应控制在5～10mm	开关柜标识牌安装在柜体顶端中间位置
	低压柜断路器（固定式、抽屉式、固定分隔式）	1）材料：亮光带射频芯片不干胶； 2）制作标准。形状：矩形；尺寸：70mm×45mm；字体：黑体；字号：根据内容调整，应清晰美观；颜色：白底红字；边框8磅；边框外留白根据打印机型号不同应控制在5～10mm	低压柜断路器标识牌安装于开关本体面板处（固定式）、开关隔室的柜门上（抽屉式、固定分隔式），一般位于开关把手的正下方

五、配电网带电检测

1. 配电网带电检测系统

应依托 PMS3.0 系统、配电自动化系统、供电服务指挥系统等信息化手段开展在线监测，实现配电设备运行状态全息感知。配电设备带电检测主要包含红外热成像、局部检测等。运检单位应加强红外热成像、局部放电检测仪等带电检测装备配置，建立台账、专人保管，常态化开展红外、局部放电等带电检测项目，及时掌握设备状态，提升运检质效。根据设备重要程度，配置温湿度、局部放电、视频等在线监测装置，加强重要节点、低洼地段及大中型小区配电站房监测管理。

2. 带电检测应遵循原则

环境温度一般应高于+5℃；室外检测应在良好天气进行，且空气相对湿度一般不高于 80%。室外进行红外热像检测宜在日出之前、日落之后或阴天进行。室内检测局部放电信号宜采取临时闭灯、关闭无线通信器材等措施，以减少干扰信号；在进行带电检测时，带电检测接线应不影响被检测设备的安全可靠性；检测信号应具有可重复观测性，对于偶发信号应加强跟踪，并尽量查找偶发信号原因。

六、配电网试验

运检单位应根据设备分类按照试验周期、试验项目开展设备试验，具体工作要求如下。

1. 架空线路

架空线路主要为巡视检查，包含接地装置试验及检查及导线检查，检查周期及要求详见表 2-30。

表 2-30　　　　　　　　　　架空线路巡检项目

巡检项目	周期	要求	说明
接地装置试验及检查	1）首次：投运后 3 年； 2）其他：6 年； 3）大修后	接地电阻符合规定，按 DL/T 5220—2021《10kV 及以下架空配电线路设计规范》的要求执行	发现接地装置腐蚀或接地电阻增大时，通过分析决定是否开挖检查
导线检查	运行环境发生较大变化时	导线弧垂在允许值范围内	1）过负荷后； 2）覆冰、大风后； 3）温度急剧变化后

有避雷线的配电线路，电杆接地电阻应满足表 2-31 的要求。接地极埋深应满足耕地 > 0.8m，非耕地 > 0.6m 要求。

表 2-31　　　　　　　　　　电杆的接地电阻

土壤电阻率（Ω·m）	工频接地电阻（Ω）	土壤电阻率（Ω·m）	工频接地电阻（Ω）
100 及以下	10	1000～2000	25
100～500	15	2000 以上	30
500～1000	20	—	—

2. 柱上真空断路器

柱上真空断路器试验主要包含巡检、例行试验及诊断性试验，试验项目、周期及要求分别见表 2-32～表 2-34。

表 2-32　　　　　　　　　柱上真空断路器巡检项目

巡检项目	周期	要求	说明
接地电阻测试	1）首次：投运后 3 年； 2）其他：6 年； 3）大修后	不大于 10Ω 且不大于初值的 1.3 倍	接地装置大修后需进行接地电阻测试（以下相同）
红外测温	1）市区及县城区：1 个月； 2）郊区及农村：1 个季度； 3）必要时	引线接头、断路器本体、互感器本体及隔离开关触头温升、温差无异常。正常状态：实测温度不大于 75℃，相间温差不大于 10K	判断时，应考虑测量时及前 3h 负荷电流的变化情况

表 2-33　　　　　　　　　柱上真空断路器例行试验项目

例行试验项目	周期	要求	说明
断路器本体、隔离开关及套管绝缘电阻	特别重要设备 6 年；重要设备 10 年；一般设备必要时	20℃时绝缘电阻不低于 300MΩ	一次采用 2500V 绝缘电阻表；二次采用 1000V 绝缘电阻表。A、B 类检修后应重新测量
电压互感器绝缘电阻		20℃时一次绝缘电阻不低于 1000MΩ，二次绝缘电阻不低于 10MΩ	
检查和维护		各部件外观机械正常。 1）就地进行 2 次操作，传动部件灵活； 2）螺栓、螺母无松动，部件无磨损或腐蚀； 3）支柱绝缘子表面和胶合面无破损、裂纹； 4）触头等主要部件没有因电弧、机械负荷等作用出现的破损或烧损； 5）联锁装置功能正常； 6）对操动机构机械轴承等部件进行润滑； 7）绝缘罩齐全完好	

表 2-34　　　　　　　　　柱上真空断路器诊断性试验项目

诊断性试验项目	要求	说明
交流耐压试验	采用工频交流耐压，相间及相对地 42kV；断口间的试验电压按产品技术条件的规定执行	A、B 类检修后或检验主绝缘时进行
主回路电阻值测试	≤1.2 倍初值（注意值）	测量电流不大于 100A，在以下情况时进行测量： 1）红外热像发现异常； 2）有此类家族缺陷，且该设备隐患尚未消除； 3）上一年度测量结果呈现明显增长趋势，或自上次测量之后又进行了 100 次以上分、合闸操作； 4）A、B 类检修之后

3. 金属氧化物避雷器

金属氧化物避雷器试验主要包含巡检及例行试验，试验项目、周期及要求分别见表 2-35 及表 2-36。

表 2-35　　　　　　　　金属氧化物避雷器巡检项目

巡检项目	周期	要求	说明
接地电阻测试	1）首次：投运后 3 年； 2）其他：6 年； 3）大修后	不大于 10Ω 且不大于初值的 1.3 倍	
红外测温	1）每年 2 次； 2）必要时	温升、温差无异常，具体按 DL/T 664—2016《带电设备红外诊断应用规范》相关条款执行	检查金属氧化物避雷器本体及电气连接部位无异常温升（注意与同等运行条件其他金属氧化物避雷器进行比较）

表 2-36　　　　　　　　金属氧化物避雷器例行试验项目

例行试验项目	周期	要求	说明
绝缘电阻测试	特别重要设备 6 年；重要设备 10 年；一般设备必要时	20℃时绝缘电阻不低于 1000MΩ	1）采用 2500V 绝缘电阻表； 2）可采用轮换方式

4. 配电变压器

配电变压器试验主要包含巡检、例行试验及诊断性试验，试验项目、周期及要求分别见表 2-37～表 2-39。

表 2-37　　　　　　　　配电变压器巡检项目

巡检项目	周期	要求	说明
接地电阻测试	1）首次：投运后 3 年； 2）其他：6 年； 3）大修后	1）容量小于 100kVA 时不大于 10Ω； 2）容量 100kVA 及以上时不大于 4Ω； 3）不大于初值的 1.3 倍	
红外测温	1）市区及县城区：柱上变压器 1 个月；配电室、箱式变电站 1 个季度； 2）郊区及农村：1 个季度； 3）必要时	变压器箱体、套管、引线接头及电缆等温升、温差无异常。正常状态：电气连接处实测温度≤75℃，相间温差≤10K；本体实测温度≤85℃	判断时应考虑测量时负荷电流的变化情况
负荷测试	特别重要、重要变压器 1～3 个月 1 次；一般变压器 3～6 个月 1 次	1）最大负载不超过额定值； 2）不平衡率：YynO 接线不大于 15%，零线电流不大于变压器额定电流 25%；Dynll 接线不大于 25%，中性线电流不大于变压器额定电流 40%	可用用电信息采集系统等在线监测手段进行设备负荷监测

表 2-38　　　　　　　　　　　　配电变压器例行试验项目

例行试验项目	周期	要求	说明
绕组及套管绝缘电阻测试	特别重要设备 6 年；重要设备 10 年；一般设备必要时	初值差不小于 −30%	采用 2500V 绝缘电阻表测量。绝缘电阻受油温的影响可按下式作近似修正：$R_2 = R_1 \times 1.5^{(t_1-t_2)/10}$ 式中，R_1、R_2 分别表示温度为 t_1、t_2 时的绝缘电阻
绕组直流电阻测试		1）1.6 MVA 以上变压器，各相绕组电阻相互间的差别不应大于三相平均值的 2%，无中性点引出的绕组，线间差别不应大于三相平均值的 1%；2）1.6 MVA 及以下的变压器，相间差别一般不大于三相平均值的 4%，线间差别一般不大于三相平均值的 2%	1）测量结果换算到 75℃，温度换算公式 $R_2 = R_1\left(\dfrac{T_k + t_2}{T_k + t_1}\right)$ 式中，R_1、R_2 分别表示温度为 t_1、t_2 时的绝缘电阻；T_k 为常数，铜绕组 T_k 为 235，铝绕组 T_k 为 225。2）分接开关调整后开展
非电量保护装置绝缘电阻测试		绝缘电阻不低于 1 MΩ	采用 2500V 绝缘电阻表测量
绝缘油耐压测试		不小于 25kV	不含全密封变压器

表 2-39　　　　　　　　　　　配电变压器诊断性试验项目

诊断性试验项目	要求	说明
绕组各分接位置电压比	初值差不超过 ±0.5%（额定分接位置）、±1.0%（其他分接）	
空载电流及损耗测量	1）与上次测量结果比，不应有明显差异；2）单相变压器相间或三相变压器两个边相空载电流差异不超过 10%	1）试验电压值应尽可能接近额定电压；2）试验的电压和接线应与上次试验保持一致；3）空载损耗无明显变化
交流耐压试验	油浸式变压器采用 30kV 进行试验，干式变按出厂试验值的 85%	按 DL/T 596—2021《电力设施预防性试验规程》有关条款执行

5. 开关柜

开关柜试验主要包含巡检及例行试验，试验项目、周期及要求详见表 2-40 及表 2-43。巡检项目中超声波局放测试和暂态地电压测试判据详见表 2-41 及表 2-42。新设备投运时，开关柜、环网箱需进行超声波局部放电检测、暂态地电压局部放电检测。

表 2-40　　　　　　　　　　　　　　开关柜巡检项目

巡检项目	周期	要求	说明
超声波局放测试和暂态地电压测试	特别重要设备 6 个月；重要设备 1 年；一般设备 2 年	无异常放电	采用超声波、地电波局部放电检测等先进的技术进行

续表

巡检项目	周期	要求	说明
接地电阻测试	1）首次：投运后 3 年； 2）其他：6 年； 3）大修后	不大于 4Ω 且不大于初值的 1.3 倍	
红外测温	1）每个月 1 次； 2）必要时	温升、温差无异常。正常状态：电气连接处实测温度≤90℃，相间温差≤50K；触头处实测温度≤75℃，相间温差≤35K	

表 2-41　　　　　超声波局部放电检测判据

超声波检测判据	评价结论
＜0dBmV 没有声音信号	正常
≤8dBmV 有轻微声音信号	注意
＞8dBmV 有明显声音信号	异常

表 2-42　　　　　暂态地电压局部放电检测判据

序号	暂态地电压检测判据	评价结论
1	1）若开关柜检测结果与环境背景值的差值不大于 20dBmV； 2）若开关柜检测结果与历史数据的差值不大于 20dBmV； 3）若本开关柜检测结果与邻近开关柜检测结果的差值不大于 20dBmV	正常
2	1）若开关柜检测结果与环境背景值的差值大于 20dBmV； 2）若开关柜检测结果与历史数据的差值大于 20dBmV； 3）若本开关柜检测结果与邻近开关柜检测结果的差值大于 20dBmV	异常

表 2-43　　　　　开关柜例行试验项目

例行试验项目	周期	要求	说明
绝缘电阻测量	特别重要设备 6 年；重要设备 10 年；一般设备必要时	1）20℃时开关柜本体绝缘电阻不低于 300MΩ； 2）20℃时金属氧化物避雷器、TV、TA 一次绝缘电阻不低于 1000MΩ，二次绝缘电阻不低于 10MΩ； 3）在交流耐压前、后分别进行绝缘电阻测量	一次试验采用 2500V 绝缘电阻表，二次试验采用 1000V 绝缘电阻表
主回路绝缘电阻测量		≤出厂值 1.5 倍（注意值）	测量电流不小于 100A
交流耐压试验		1）断路器试验电压值按 DL/T 593—2016《高压开关设备和控制设备标准的共用技术要求》规定； 2）TA、TV（全绝缘）一次绕组试验电压值按出厂值的 85%，出厂值不明的按 30kV 进行试验； 3）当断路器、TA、TV 一起耐压试验时按最低试验电压	试验电压施加方式：合闸时各相对地及相间；分闸时各断口
动作特性及操动机构检查和测试		1）合闸在额定电压的 85%～110%范围内应可靠动作，分闸在额定电压的 65%～110%范围内应可靠动作，当低于额定电压的 30%时，脱扣器不应脱扣；	采用一次加压法。A、B 类检修后开展

续表

例行试验项目	周期	要求	说明
动作特性及操动机构检查和测试	特别重要设备 6 年；重要设备 10 年；一般设备必要时	2）储能电动机工作电流及储能时间检测，检测结果应符合设备技术文件要求。电动机应能在 85%～110%的额定电压下可靠工作； 3）直流电阻结果应符合设备技术文件要求或初值差不超过±5%； 4）开关分合闸时间、速度、同期、弹跳符合设备技术文件要求	采用一次加压法。A、B 类检修后开展
控制、测量等二次回路绝缘电阻		绝缘电阻一般不低于 2MΩ	采用 1000V 绝缘电阻表
连跳、"五防"装置检查		符合设备技术文件和"五防"要求	

6. 电缆线路

电缆线路试验主要包含巡检、例行试验及诊断性试验，试验项目、周期及要求分别见表 2-44～表 2-46。诊断性试验中振荡波电缆局放检测及超低频介质损耗检测试验判据分别见表 2-47 及表 2-48。新设备投运时，电缆线路需进行局部放电检测和介质损耗检测，试验合格后设备方可投运。

表 2-44　　　　　　　　　电缆线路巡检项目

巡检项目	周期	要求	说明
接地电阻测试	1）首次：投运后 3 年； 2）其他：6 年； 3）大修后	不大于 10Ω 且不大于初值的 1.3 倍	
红外测温	1）每季度 1 次； 2）必要时	电缆终端头及中间接头无异常温升，同部位相间无明显温差。正常状态：电气连接处处实测温度不大于 75℃，相间温差不大于 10K；触头处实测温度不大于 75℃，相间温差不大于 35K	

表 2-45　　　　　　　　　电缆线路例行试验项目

例行试验项目	周期	要求	说明
电缆主绝缘绝缘电阻测量	特别重要电缆 6 年；重要电缆 10 年；一般电缆必要时	与初值比没有显著差别	采用 2500V 或 5000V 绝缘电阻表
电缆外护套、内衬层绝缘电阻测量		与被测电缆长度（km）的乘积不低于 0.5MΩ	采用 500V 绝缘电阻表
交流耐压试验	新作电缆终端头、中间接头后和必要时	1）试验频率：30～300Hz； 2）试验电压：$2U_0$； 3）加压时间：5min	1）推荐使用 45～65Hz 试验频率； 2）耐压前后测量绝缘电阻

注　1. U_0 为电缆对地的额定电压。
　　2. 交流耐压试验的试验电压、加压时间按 Q/GDW 1168—2013《输变电设备状态检修试验规程》要求执行。

表 2-46　　　　　　　　　　　　电缆线路诊断性试验项目

诊断性试验项目	要求	说明
相位检查	与电网相位一致	
铜屏蔽层电阻和导体电阻比（Rp/Rx）	重做终端或触头后，用双臂电桥测量在相同温度下的铜屏蔽层和导体的直流电阻	较投运前的电阻比增大时，表明铜屏蔽层的直流电阻增大，有可能被腐蚀；电阻比减少时，表明附件中导体连接点的电阻有可能增大
局部放电测试	无异常放电	采用振荡波电缆局部放电检测等先进的检测技术

表 2-47　　　　　　　　　　　　局部放电检测试验要求

电压形式	评价对象	投运年限	最高试验电压下检出局部放电量	评价结论
振荡波局部放电检测最高试验电压 $1.7U_0$；或超低频正弦波局部放电检测最高试验电压 $2.5U_0$；或超低频余弦方波局部放电检测最高试验电压 $2.0U_0$	本体	—	无可检出局部放电	正常
			＜100pC	注意
			≥100pC	异常
	触头	5 年及以内	无可检出局部放电	正常
			＜300pC	注意
			≥300pC	异常
		5 年以上	无可检出局部放电	正常
			＜500pC	注意
			≥500pC	异常
	终端	5 年及以内	无可检出局部放电	正常
			＜3000pC	注意
			≥3000pC	异常
		5 年以上	无可检出局部放电	正常
			＜5000pC	注意
			异常	异常

表 2-48　　　　　　　　　　　　介质损耗检测试验要求

电压形式	$1.0U_0$下介损值标准偏差（×10^{-3}）		$1.5U_0$与$0.5U_0$超低频介损平均值的差值（×10^{-3}）		$1.0U_0$下介损平均值（×10^{-3}）	评价结论
超低频正弦波电压	＜0.1	与	＜5	与	＜4	正常
	0.1～0.5	或	5～80	或	4～50	注意
	＞0.5	或	＞80	或	＞50	异常
工频电压					较上一次检测值无明显增加且不大于 2	正常
					较上一次检测值有明显增加或大于 2	异常

7. 构筑物及外壳

构筑物及外壳主要为巡视检查，包含接地电阻测试，检查周期及要求详见表 2-49。

表 2-49　　　　　　　　　　　　构筑物及外壳巡检项目

巡检项目	周期	要求	说明
接地电阻测试	按主设备接地电阻测试周期要求执行	不大于4Ω且不大于初值的 1.3 倍	

第三章　配电网倒闸操作

第一节　配电网倒闸操作一般规定

运维单位应熟悉本单位配电网设备的调度管辖权限。调度部门管辖设备的倒闸操作应按调度指令进行，操作完毕后应立即向当值调度员汇报；运维单位管辖设备的倒闸操作应按有资质的发令人指令进行，操作完毕后应立即向发令人汇报。

一、倒闸操作分类

倒闸操作分为单人操作与监护操作两类。

1. 单人操作

单人操作是指一人进行的操作。实行单人操作的设备、项目及操作人员需经设备运维管理单位或调度控制中心批准。单人操作时，禁止登高或登杆操作。

2. 监护操作

监护操作是指有人监护的操作。监护操作时，其中对设备较为熟悉者做监护。经设备运维管理单位考试合格、批准的检修人员，可进行配电线路、设备的监护操作，监护人应是同一单位的检修人员或设备运维人员。检修人员操作的设备和接（发）令程序及安全要求应由设备运维管理单位批准，并报相关部门和调度控制中心备案。

二、倒闸操作方式

倒闸操作方式可分为就地操作与远方遥控操作。

1. 就地操作

就地操作是指在现场直接对配电线路一、二次设备进行操作。就地操作时优先采用配电自动化终端侧电动操作。雷电时，禁止就地倒闸操作。

停电拉闸操作应按照断路器（开关）—负荷侧隔离开关（刀闸）—电源侧隔离开关（刀闸）的顺序依次进行，送电合闸操作应按与上述相反的顺序进行。不应带负荷拉合隔离开关（刀闸）。

配电线路操作后，应检查设备实际位置；无法看到实际位置时，应通过间接方法，如设备机械位置指示、电气指示、带电显示装置、仪表及各种遥测、遥信等信号的变化来判断设备位置。确认该设备已操作到位至少应有两个非同样原理或非同源的指示发生对应变化，且所有这些确定的指示均已同时发生对应变化。检查中若发现其他任何信号有异常，均应停止操作，查明原因。

2. 远方遥控操作

远方遥控操作是指配电网调控人员通过配电自动化系统对配电线路一、二次设备进行操作。实行远方遥控操作的设备、项目，需经地市公司分管生产领导审定后执行。

三、操作票使用

倒闸操作票宜通过生产管理系统（PMS 系统）进行线上办理、填用。线上办理、填用操作票时应遵循的相关原则及要求与线下办理、填用操作票时一致。综合操作指令票、逐项操作指令票和口头操作指令下达的操作任务应使用倒闸操作票。以下操作可不填用倒闸操作票，但应使用口头操作记录单。

（1）事故紧急处理。

（2）拉合断路器（开关）的单一操作。

（3）程序操作。

（4）低压操作。

（5）配电网远方遥控操作。

（6）配电网工作人员在现场自动化设备上工作时进行停、加用自动化装置连接片的操作。

（7）远方停、加用继电保护、自动化装置连接片的操作。

四、操作票管理与评价

已执行的操作票应保存一年，每月按编号顺序装订，并及时进行"三级审核"（班组自评价、区公司/供电中心级审核，地市公司级审查）。各专业班组每天应检查当日全部已执行的操作票；地市公司、区公司/供电中心、班组应每月检查和评价已执行的操作票，每季度进行一次总结分析，分析存在的问题，制定操作票管理提升措施；地市公司应每季度对区公司/供电中心操作票执行情况进行检查、考核，评价及考核均应有据可查。操作票合格率的计算办法为

月合格率=（当月执行的操作票份数－不合格份数）/当月应填用操作票份数×100%。

有下列情况之一者应定为不合格操作票：

（1）填写格式不合格或操作术语不正确。

（2）操作任务含糊不清，未填写设备双重名称，漏填操作依据或必要的说明。

（3）无编号、跳号、重号或错编号。

（4）修改意见个别误、漏字时，字迹模糊，不易分辨。

（5）未按规定填写操作项目或操作项目不全的。

（6）操作后未及时打执行符"√"或未填操作时间。

（7）未按规定签名的。

（8）未盖"已执行"或有关印章者。

（9）已执行的操作票遗失者（按无票考核）。

（10）其他明显不合格者。

倒闸操作票评价统计表格式参见表3-1。

表3-1　　　　　　　　　　倒闸操作票评价统计表

×× 供 电 公 司

年　　月　　　　　　　倒闸操作票评价统计表

×× 班组　　　　　　　　　　　　　　　　　　　　统计人：

本月编号：		至	；共		份
有效票	已执行　　份 其中许可任务票：　份		合格票	已执行　　份 其中许可任务票：　份	
共　　份	未执行　　份 其中许可任务票：　份		共　　份	未执行　　份 其中许可任务票：　份	
不合格票份数	共　　　份		作废票份数	共　　　份	
本月合格率	%		评价日期	年　　月　　日	
不合格票编号	不合格票人员归属		不合格理由		
本期存在 的优缺点					
下阶段 改进意见					

第二节　配电网操作票填写

一、操作票填写项目

（1）应断（拉）开、合（推）上的设备［断路器、隔离开关（刀闸）、跌落式熔断器、接地刀闸（装置）等］。

（2）断（拉）开、合（推）上设备［断路器（开关）、隔离开关（刀闸）、跌落式熔断器、接地刀闸（装置）等］后，设备位置的检查。

（3）验电（包括直接验电、间接验电）的位置、装设接地线位置及编号、拆除的接地线。

（4）设备检修后合闸送电前，检查送电范围内接地开关（装置）已全部拉开，接地线已全部拆除。

（5）进行停、送电操作时，在拉合隔离开关、手车式开关拉出、推入前，检查开关确在分闸位置，六氟化硫开关操作前，检查气压表指示正常。

（6）合上（安装）或断开（拆除）断路器、隔离开关（刀闸）的控制回路、合闸回路、电压互感器回路或站用变压器高低压侧的空气开关（熔断器），切换保护回路和自动化装置（包括自动切换后的检查项目），检验是否确无电压或确认电压正常等。

（7）投退保护电源开关，加、停用保护（自动装置）连接片、端子切换片或转换开关（包括远、近控开关）等。

（8）检查保护装置正常、通道正常。

（9）在进行倒负荷或解、并列（含二次）操作前后，检查相关电源运行和负荷分配以及电压指示情况等。

（10）电气设备操作后无法看到实际位置时，通过检查设备机械位置指示、电气指示、负荷指示、带电显示装置、仪表及各种遥测、遥信等信号来判断设备实际位置的检查项目。

（11）远方遥控操作继电保护软连接片，对相关指示发生对应变化的确认检查项目（至少应有两个非同样原理或非同源的指示发生对应变化，且所有这些确定的指示均已同时发生对应变化，才能确认该设备已操作到位）。

（12）无法直接进行验电而采用间接验电的检查判断项目，以及只能以带电显示器作为判断线路确无电压的唯一依据时，在停电操作前应先检查带电显示器完好的检查项目。

二、操作票填写要求

（1）操作票应根据发令人的操作指令（口头、电话）填写或打印，不使用操作票的操作应在完成后做好记录。操作票原则上由操作人填写，经操作人和监护人审票合格后分别签名，拟票人和审票人不得为同一人。操作票应以运维单位为单位，按使用顺序连续编号，一个年度内编号不得重复。

（2）线下手工填写操作票时应用黑色或蓝色的钢（水）笔或圆珠笔逐项填写，用手写格式票面应与计算机开出的操作票统一。每张操作票只能填写一个操作任务。一个操作任务需连续使用几页操作票时，则在前一页"备注"栏内注明"接下页"，在后一页的"操作任务"栏内注明"接上页"。计算机自动生成的操作票根据生成票面的情况作相应处理。

（3）操作票应填写设备双重名称。一个项目栏只能填写一个操作元件，断路器、隔离开关、接地开关、接地线、连接片、切换开关、熔断器等均应视为独立的操作对象，单独列项。直接验电、接地项目不得分项填写，间接验电、接地项目之间不得填写其他操作项目。禁止在一个项目栏内填写两个及以上的一次设备操作元件。

（4）填写倒闸操作票时，逐项操作指令票不连续的两项之间应间断留出空行，加盖"暂停，待调度令继续操作"印章；此印章应在操作票填写时盖好，作为操作间断的标志。在执行倒闸操作票时，若在逐项操作指令票连续的两项之间出现操作暂停，应在倒闸操作票的暂停位置划上红线，作为操作间断的标志。

（5）操作票修改要求：填写操作票严禁并项、添项及用勾画的方法颠倒操作顺序。票面上的时间、地点、设备双重名称、操作术语、动词等关键字不得涂改。若有个别错、漏字需要修改，应将错误内容划上双删除线"＝"，在修改处做插入标记，在旁边空白处填写正确内容并签名。

（6）操作票印章使用要求：

1）操作任务完成后，在倒闸操作票最后一项的下一行顶格居左加盖"已执行"印章；若最后一项正好位于操作票的最后一行，在该操作步骤右侧加盖"已执行"印章。

2）操作票执行过程中因故中断操作，应在已操作完的项目的下一行顶格居左加盖"已执行"印章；未执行的操作，应用方框将不执行操作项目的序号框住，并在未执行操作的第一项的执行栏顶格居左加盖"未执行"印章，并在备注栏内注明中断原因。若此操作票还有几页未执行，应在未执行的各页首项操作项目栏顶格居左加盖"未执行"印章。

3）倒闸操作票作废应在操作任务栏内右下角加盖"作废"印章，在作废操作票备注栏内注明作废原因。

（7）操作票时间填写要求：

1）发令人、受令人及发令时间栏：由受令人在接受操作指令后填写发、受令人姓名和发令时间，根据逐项操作指令票填写的倒闸操作票填写第一次发、受令人姓名和发令时间。

2）操作开始时间栏：填写倒闸操作票中运维人员执行操作项目第一项的开始操作时间。

3）操作结束时间栏：填写倒闸操作票中运维人员执行操作项目最后一项的操作结束时间。

4）操作时间栏：依据综合操作指令票填写的倒闸操作票，操作项目的第一项、最后一项和重要操作项目［包括断开、合上断路器，拉开、推上隔离开关（接地开关），装、拆接地线等］的具体操作时间。

依据逐项操作指令票填写的倒闸操作票，若逐项操作指令票的操作项目只对应一个倒闸操作票操作项目序号时，则只填一个操作时间。若逐项操作指令票的操作项目对应两个或多个倒闸操作票操作项目序号时，则应填写两个操作时间，即逐项操作指令票操作项目对应的首项操作开始时间及末项操作结束时间。

倒闸操作票填写应严格遵守《国网湖北省电力有限公司两票实施细则》等相关规定，格式及样票分别参见表3-2～表3-4。口头操作记录单参见表3-5。

表 3-2　　　　　　　　　配电倒闸操作票（柱上断路器）

操作单位：　　　　　　编号：　　　　　　　　　　　　　第　1　共　1　页

发令人：		受令人：		发令时间：　年　月　日　时　分	
操作开始时间：　　年　月　日　时　分				操作结束时间：　年　月　日　时　分	
操作类型	（√）监护操作（　）单人操作				
操作任务：（电压等级）kV-（线路双重名称）（开关编号）［至（线路段另一端设备）］部分线路由运行转检修					

执行（√）	序号	操作项目	操作时间
	1	检查（电压等级）kV-（线路双重名称）（电源侧隔离开关编号）三相隔离开关确在推上位置	
	2	检查（电压等级）kV-（线路双重名称）（负荷侧隔离开关编号）三相隔离开关确在推上位置	
	3	检查（电压等级）kV-（线路双重名称）（断路器编号）断路器机械指示确在"合上"位置	

续表

执行（√）	序号	操作项目	操作时间
	4	检查（电压等级）kV-（线路双重名称）（断路器编号）断路器"合闸指示"为"明亮"状态，"分闸指示"为"熄灭"状态	
	5	断开（电压等级）kV-（线路双重名称）（断路器编号）断路器	
	6	检查（电压等级）kV-（线路双重名称）（断路器编号）断路器机械指示确在"分断"位置	
	7	检查（电压等级）kV-（线路双重名称）（断路器编号）断路器"合闸指示"已变为"熄灭"状态，"分闸指示"已变为为"明亮"状态	
	8	拉开（电压等级）kV-（线路双重名称）（负荷侧隔离开关编号）三相隔离开关	
	9	检查（电压等级）kV-（线路双重名称）（负荷侧隔离开关编号）三相隔离开关确在拉开位置	
	10	拉开（电压等级）kV-（线路双重名称）（电源侧隔离开关编号）三相隔离开关	
	11	检查（电压等级）kV-（线路双重名称）（电源侧隔离开关编号）三相隔离开关确在拉开位置	
	12	在（电压等级）kV-（线路双重名称）（负荷侧刀隔离开关编号）三相刀闸靠线路侧分别验明确无电压后，在（电压等级）kV-（线路双重名称）（负荷隔离开关编号）三相刀闸靠线路侧装设（电压等级）（接地线编号）接地线	
	13	检查（电压等级）kV-（线路双重名称）（负荷隔离开关闸编号）三相隔离开关靠线路侧接地线已正确装设	
	14	在（电压等级）kV-（线路双重名称）（断路器编号）开关控制箱上悬挂"禁止合闸，线路有人工作！"警示牌	
备注		此票以（　）调（　）字第（　　　）指令票为依据。	

操作人：　　　　　　　　　　　　　监护人：

表 3-3　　　　　　　　　　　　**配电倒闸操作票样票（开闭所）**

操作单位：　　　　　　　　编号：　　　　　　　　　　　　　第_1_共_1_页

发令人：		受令人：		发令时间：　　年　月　日　时　　分
操作开始时间：　　年　月　日　时　分			操作结束时间：　　年　月　日　时　分	
操作类型	（√）监护操作（　）单人操作			

操作任务：（电压等级）kV-（线路双重名称）（开闭所名称）（开关编号）开关［至（线路段另一端设备）］部分线路由运行转检修

执行（√）	序号	操作项目	操作时间
	1	检查（电压等级）kV-（线路双重名称）（开闭所名称）（开关编号）开关机械指示确在"合上"位置	
	2	检查（电压等级）kV-（线路双重名称）（开闭所名称）（开关编号）开关"合闸指示"和"带电指示"为"明亮"状态，"分闸指示"为"熄灭"状态	

续表

执行（√）	序号	操作项目	操作时间
	3	检查（电压等级）kV-（线路双重名称）（开闭所名称）（开关编号）开关储能指示、电气指示、保护指示运行正常	
	4	检查（电压等级）kV-（线路双重名称）（开闭所名称）（开关编号）开关"远方/就地"开关确在"就地"位置	
	5	断开（电压等级）kV-（线路双重名称）（开闭所名称）（开关编号）	
	6	检查（电压等级）kV-（线路双重名称）（开闭所名称）（开关编号）开关机械指示确在"分断"位置	
	7	检查（电压等级）kV-（线路双重名称）（开闭所名称）（开关编号）开关"合闸指示"和"带电指示"已变为"熄灭"，"分闸指示"已变为"明亮"	
	8	将（电压等级）kV-（线路双重名称）（开闭所名称）（开关编号）手车开关由"工作"摇出至"试验"位置	
	9	检查（电压等级）kV-（线路双重名称）（开闭所名称）（开关编号）手车开关机械指示确在"试验"位置	
	10	检查（电压等级）kV-（线路双重名称）（开闭所名称）（开关编号）手车开关"试验"位置指示已变为"明亮"	
	11	推上（电压等级）kV-（线路双重名称）（开闭所名称）（开关接地开关编号）接地开关	
	12	检查（电压等级）kV-（线路双重名称）（开闭所名称）（开关接地开关编号）接地开关机械指示确在"分断"位置	
	13	检查（电压等级）kV-（线路双重名称）（开闭所名称）（开关接地开关编号）接地开关电气指示由"熄灭"变为"明亮"	
	14	在（电压等级）kV-（线路双重名称）（开闭所名称）（开关编号）开关面板上悬挂"禁止合闸，线路有人工作！"警示牌	
备注		此票以（　）调（　）字第（　　）指令票为依据。	

操作人：　　　　　　　　　　　监护人：

表 3-4　　　　　　　　　　配电倒闸操作票样票（环网箱）

操作单位：　　　　　　　　编号：　　　　　　　　　　　　第_1_共_1_页

发令人：		受令人：		发令时间：	年　月　日　时　分
操作开始时间：	年　月　日　时　分			操作结束时间：	年　月　日　时　分
操作类型		（√）监护操作（　）单人操作			

操作任务：（电压等级）kV-（线路双重名称）（环网箱名称）（开关编号）开关［至（线路段另一端设备）］部分线路由运行转检修

执行（√）	序号	操作项目	操作时间
	1	检查（电压等级）kV-（线路双重名称）（环网箱名称）气压表指示正常（指针在绿色位置）	

续表

执行（√）	序号	操作项目	操作时间
	2	检查（电压等级）kV-（线路双重名称）（环网箱名称）（开关编号）开关带电显示器完好（应为"闪烁"状态）	
	3	检查（电压等级）kV-（线路双重名称）（环网箱名称）（开关编号）开关机械指示确在"合上"位置	
	4	断开（电压等级）kV-（线路双重名称）（环网箱名称）（开关编号）开关	
	5	检查（电压等级）kV-（线路双重名称）（环网箱名称）（开关编号）开关带电显示已变为"熄灭"状态	
	6	检查（电压等级）kV-（线路双重名称）（环网箱名称）（开关编号）开关机械指示确在"分断"位置	
	7	推上（电压等级）kV-（线路双重名称）（环网箱名称）（开关接地开关编号）接地开关	
	8	检查（电压等级）kV-（线路双重名称）（环网箱名称）（开关接地开关编号）接地开关机械指示确在"合上"位置	
	9	在（电压等级）kV-（线路双重名称）（环网箱名称）（开关编号）开关面板上悬挂"禁止合闸，线路有人工作！"警示牌	
	⋮		
备注		此票以（ ）调（ ）字第（ ）指令票为依据。	

操作人：　　　　　　　　　　　监护人：

表 3-5　　　　　　　　配电口头操作记录单

操作单位：　　　　　　　　年度：　　　　　　　　　　　第_1_共_1_页

月	日	执行（√）	序号	操作项目	发令时间	操作时间	汇报时间	发令人	受令人
⋮	⋮		1	断开（电压等级）kV-（线路双重名称）（开关编号）开关					
			⋮						

第三节　配电网倒闸操作步骤

一、接受调度预令

接受调度预令，应由有资质的配电网运维人员进行，一般由监护人进行；接受调度指令时，应做好录音；对指令有疑义时，应向当值调度员报告，由当值调度员决定原调度指令是否执行；当执行该项指令将威胁人身、设备安全或直接造成停电事故时，应拒绝执行，并将拒绝执行指令的理由，报告当值调度员和本单位领导；接令人向拟票人布置开票，拟票人依据实际运行方式、相关图纸、资料和工作票安全措施要求等进行开票，审核无误后签名。

二、审核操作票

操作和监护人共同对操作票进行全面审核，确认无误后签名；复杂操作应由配电网管理人员审核操作票；审核时发现操作票有误即作废操作票，令拟票人重新填写操作票，再履行审票手续。

三、明确操作目的

监护人应向操作人明确本次操作的目的和预定操作时间；监护人应组织查阅危险点预控资料，分析本次操作过程中的危险点，提出针对性预控措施。

四、接受正令

调度操作正令应由有资质的配电网运维人员接令，一般由监护人接令；现场操作人员没有接到发令时间不得进行操作；接受调度指令时，应做好录音；接令人在操作票上填写发令人、接令人、发令时间，并向操作人当面布置操作任务，交代危险点及控制措施；操作人复诵无误，在监护人、操作人签名后，准备相应的安全、操作工器具；监护人逐项唱票，操作人逐项复诵，模拟预演；若模拟操作中发现异常情况，应立即向调度和运维管理部门报告。

五、核对设备命名和状态

监护人记录操作开始时间；操作人找到操作设备命名牌，监护人核对无误。

六、逐项唱票复诵，操作并勾票

监护人应按操作票的顺序，高声唱票；操作人复诵无误后，进行操作，并检查设备状况；操作时应按倒闸操作票的操作序号逐项执行，禁止跳项、倒项、添项或漏项操作；每操作完一项、检查无误后，应立即在该执行栏中做一个"√"记号，才能进行下一项操作；操作中如遇事故或异常，应立即停止操作，并向调度和运维管理部门报告相关情况；倒闸操作因故中止，应在备注栏中说明原因。若需要恢复到原运行方式，应重新填写倒闸操作票进行操作，禁止按原票进行返回操作；全部操作项目执行完毕后，监护人和操作人进行一次全面复查，以防漏项和错项。

七、向调度汇报操作结束及时间

监护人检查操作票已正确执行；汇报调度应由有资质的配电网运维人员进行，原则上由原接正令人员向调度汇报，并做好相应记录。

八、更改图板指示

操作人更改图板指示或核对一次系统图，监护人监视并核查；全部任务操作完毕后，由监护人在规定位置盖"已执行"章，做好记录，并对整个操作过程进行评价。

第四章 配电网检修管理

第一节 检 修 策 略

一、检修原则

1. 基本原则

配电网设备检修应综合考虑设备状态、运行工况、环境影响等风险因素，根据配电网设备的重要性、用户供电可靠性的不同要求，制定特别重要设备、重要设备、一般设备的检修策略，做到应修必修，修必修好，确保人身、设备和供电安全。

（1）特别重要设备是指在配电网中所处位置特别重要，以及对政府部门发文确认的特级重要用户、一级重要用户供电的配电网设备，包括直接影响特级重要用户、一级重要用户安全供电的配电网设备。

（2）重要设备是指在配电网中所处位置重要，以及对政府部门发文确认的二级重要用户供电的配电网设备，包括直接影响二级重要用户安全供电的配电网设备。

（3）一般设备是指除特别重要设备和重要设备之外的配电网设备。

2. 检修分类

检修共分为 A、B、C、D、E 五类，其中 A、B、C 类检修是停电检修，D、E 类检修是不停电检修。

（1）A 类检修：整体性检修，对配电网设备进行较全面、整体性的解体修理、更换。

（2）B 类检修：设备的局部性检修，部件的解体检查、维修、更换和试验；对于输配电设备是指对主要单元进行少量的整体性更换及加装，或其他单元的批量更换及加装。

（3）C 类检修：对改备的常规性检查、维修和试验，对于输配电设备是指综合性检修及试验。

（4）D 类检修：在设备不停电状态下，在地电位上对设备的地电位部分、控制部分或带电部位进行的检查、测试、维修或更换工作。

（5）E 类检修：在中间电位或等电位上进行的检查、测试、维修或更换工作。

二、检修安排

应综合考虑检修资金、检修力量、电网运行方式、供电可靠性、基本建设等情况，按照设备检修的必要性和紧迫性，科学确定检修时间。同一停电范围内某个设备需停电检修时，相应其他的设备宜同时安排停电检修；因故提前检修且需相应配电网设备陪停时，如检修时间提前不超过 2 年宜同时安排检修。设备确认有家族缺陷时，应安排普查或进行诊断性试验。对于未消除家族缺陷的设备应根据评价结果重新修正检修周期。10kV 及以下设备检修依据缺陷程度，分为一般、严重、危急三类缺陷。10kV 及以下设备一般、严重缺陷消缺时限要求参照 10kV 设备，危急缺陷应立即安排检修。根据评价结果，按照 Q/GDW 644—2011《配电设备状态检修导则》、Q/GDW 11261—2014《配电网检修规程》制定检修策略。

根据缺陷严重程度，危急缺陷消除时间不得超过 24h，严重缺陷应在 30 天内消除，一般缺陷应结合检修计划予以消除，并处于可控状态。

危急缺陷：应迅速向班组长、上级运维管理部门运维专责及分管领导报告，并立即采取临时安全措施；对危及设备和人身安全的缺陷，应立即采取可行的隔离措施，根据现场情况取得相关部门协助，并留守现场直到抢修人员到达。危急缺陷应在 24h 内消除或采取必要安全技术措施进行临时处理。紧急处理完毕后，1 个工作日内将缺陷处理情况补录运检管理系统中。

严重缺陷：应在 1 个工作日内将缺陷信息登录运检管理系统提交班组长审核，并立即通知班组长，班组长应立即对缺陷进行审核并向上级运维管理部门运维专责汇报，在 30 天内采取措施安排处理消除，防止事故发生，消除前应加强监视。

一般缺陷：应在 3 个工作日内登录运检管理系统将缺陷提交班长审核，班组长审核后交上级运维管理部门运维专责审核，运维专责核对并评价缺陷等级后，按照状态检修原则纳入检修周期进行消缺安排，可列入年、季度检修计划或日常维护工作中消除。不需要停电处理的一般缺陷应在 3 个月内消除。

运维单位应定期开展缺陷的统计、分析和报送工作，及时掌握缺陷消除情况和产生原因，采取针对性措施。

第二节　检　修　计　划

一、检修计划分类

运检单位应根据巡视、在线监测、带电检测、停电试验等各类技术手段收集的设备异常运行信息，结合配电网工程施工，编制检修计划。检修计划主要分为年度综合检修计划、月度检修计划、周检修计划和临时检修计划。

年度综合检修计划：为确保企业安全生产、设备安全运行，提高设备的使用寿命，对运行的电力设备必须进行定期检查维修，确保安全可靠供电，避免设备故障导致事故造成人员伤亡。每年 12 月由各运维单位编制次年年度综合检修计划，经主要领导审批后报市公司统筹安排。

月度检修计划：为进一步加强企业管理，严格计划审批程序，切实做好供电设施计划检修的停电管理工作，确保供电可靠性，为广大电力用户提供优质方便、规范、真诚的服务，各运维单位需根据年度检修计划及设备运行情况制订月度检修计划，每月 10 号前报送次月月度检修计划。其中，月度检修计划中对外停电计划需由各运维单位提交本单位带电审核签证及不停电作业中心带电审核签证后上报市公司审批后实施。月度停电计划一经批准下发，各有关单位必须认真组织实施，任何单位和个人不得擅自更改。

周检修计划：根据月度检修计划和设备消缺工作要求编制，每周最后一个工作日前完成下一周检修计划编制。所有周检修计划取消、延期（计划已发布但是未执行）均需县级单位分管负责人审批、签字、盖章并报送至市公司安监部。

临时检修计划：系统在运行中发现危及安全运行、必须处理的缺陷而临时安排的检修计划。临时检修计划应根据设备消缺、隐患排查等工作要求编制，由运检单位发起，经过本单位分管领导审核，取得本单位带电审核签证及不停电作业中心带电审核签证后报市公司审批后实施。

二、检修计划管控

1. 配电网计划、临时停电审校发布流程

市、县供指中心负责收集汇总运检、基建、网改，营销等专业配电网设备的年、月、周停电需求；负责编制调管范围内配电网设备年、月、周停电计划，组织召开年、月，周配电网停电计划协调会进行统筹平衡；负责发布经审批下达后的年、月、周配电网停电计划；负责对各部门、各单位配电网计划停电，临时停电相关指标进行考核评价。市

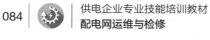
调控中心负责审核经市、县供指中心统筹平衡后的年、周配电网停电计划、配电网停电计划异动及临时停电。县公司分管领导负责审核月度配电网停电计划及停电计划变更。地市公司分管领导负责审批年、月配电网停电计划及配电网停电计划增补和临时停电。

2. 配电停电关键环节指标管控

配电网停电计划统筹平衡应按照"能转必转、能带不停、先算后停、一停多用"的原则，合理安排配电网运行方式，开展不停电作业方案论证，严控单一检修的施工停电时长和大时户数配电网停电计划；开展配电网停电计划与实际时间的"四个零时差"监控，确保停电计划执行可控在控。

第三节　检修工作执行

一、检修工作分类

配电检修工作包括巡视、操作、检修（检修、试验、检验）、抢修、带电作业等工作，按停电检修范围、风险等级、管控难度等情况分为中型检修、小型检修、单一检修三类，见表 4-1。检修作业按照以下要求开展检修资料编制，检修过程严格依据检修资料执行，并接受各级管理部门监督。

表 4-1　　　　　　　　检修工作分类

序号	检修分类	检修工作	现场及资料要求
1	中型	1）与高压带电线路交叉跨越或临近带电设备的配电网检修。 2）在"三跨"区域开展配电线路杆塔导线安装拆除工作。 3）变电站、环网柜、开闭所等站房设备间隔未全停电的检修。 4）同沟槽敷设有部分 10kV 带电电缆的电缆开断作业。 5）在重要地下管线，采用拉管、顶管等方式进行的管道建设。 6）三、四类配电带电作业。 7）其他三级作业风险的配电设备的检修作业	1）中型检修应成立检修项目部，负责现场总体协调以及检修过程中的安全、质量、进度监督管理； 2）检修现场应持有： ①现场勘察记录；②检修（施工）方案；③工作票；④作业指导卡
2	小型	1）配电电缆沟、井及配电柜、屏基础施工及起重作业。 2）电缆沟、隧道等密闭空间进行故障消缺、电缆敷设等作业；电缆耐压、交接试验等。 3）配电变压器、环网柜（箱）、柱上开关设备安装、调试、搭火以及设备机构检修、更换工作。 4）一、二类配电带电作业。 5）其他四级作业风险的配电设备的检修作业	1）小型检修实行工作负责人制，工作负责人负责作业现场生产组织与总体协调； 2）检修现场应持有： ①现场勘察记录；②工作票；③作业指导卡

续表

序号	检修分类	检修工作	现场及资料要求
3	单一	1）不需要高压线路、设备停电或做安全措施的配电运维一体化作业。 2）一般性配电线路、配电厂站房倒闸操作及低压设备操作。 3）单一设备或同一类设备的带电检测。 4）单一电源低压分支线的停电检修作业。 5）配电设备巡视工作。 6）其他五级作业风险的配电设备的检修作业	单一检修实行工作负责人制，工作负责人负责作业现场生产组织与总体协调

二、检修作业执行

运检单位在检修作业前应根据检修内容进行现场勘察，重点检查检修作业现场的设备状况、作业环境、危险点、危险源、交叉跨越、临近带电设备、后备电源工作状况、分布式电源倒送情况等，做好勘察记录，确定检修方案。运检单位应严格执行标准化作业指导书（卡）、检修方案和施工方案；工作负责人应做好技术交底，确认作业人员身体状况和精神状态良好，交代作业危险点和一、二次安全技术措施，规范作业流程和作业行为。运检单位应严格执行配电网设备检修工艺的要求，对关键工序及质量控制点进行有效控制。运检单位应严格执行验收制度，对检修作业的安全和质量进行总结评价，检修结果和检修记录应于检修结束 24h 内录入 PMS 系统。配电运维检修业务适用票种见表 4-2。

表 4-2　　　　　　　　　配电运维检修业务适用票种

序号	工作内容	适用票种	备注
一	10kV 架空配电线路相关工作		
1	配电线路、设备巡视	派工单	
2	登杆检查	配电第一种工作票、配电故障紧急抢修单	需接触设备的工作
3	更换导线、横担、金具、绝缘子、避雷器、拉线、跳线连接、隔离开关，更换配电变压器高压引下线	配电第一种工作票、配电故障紧急抢修单	停电作业
4	更换电杆、柱上开关、配电网自动化设备	配电第一种工作票、配电故障紧急抢修单	停电作业
5	线路砍剪树木	配电第一种工作票、配电带电作业工作票	安全距离不满足 1m 应停电处理
		配电第二种工作票或派工单	安全距离 1m 及以上
6	线路清除鸟巢	配电带电作业工作票、配电第二种工作票	
7	线路设备安装标示牌	派工单	安全距离满足要求

续表

序号	工作内容	适用票种	备注
8	线路杆塔底部和基础工作	派工单	
9	倒杆断线故障紧急抢修	配电第一种工作票、配电故障紧急抢修单	停电作业
10	配电变压器引下线、令克、设备线夹的故障抢修	配电故障紧急抢修单、操作票	停电作业
二	配电设备相关工作		
1	更换配电变压器	配电第一种工作票	线路停电
2	更换配电变压器配电柜	配电第一种工作票	停电作业
3	配电变压器故障抢修	配电第一种工作票、配电故障紧急抢修单	停电作业
4	配电设备红外测温	配电第二种工作票或派工单	
5	测量配电变压器接地网电阻测量	配电第二种工作票或派工单	
6	公用开闭所、环网柜及所属电缆的运行维护、故障处理。	配电第一种工作票、配电故障紧急抢修单	
三	低压配电柜相关工作		
1	更换配电柜各出线开关（刀闸）	低压工作票	停电作业
2	更换配电柜低压总隔离开关	配电第一种工作票	高压停电
		配电故障紧急抢修单	
3	低压开关单一复电工作	派工单	
四	0.4kV 及以下低压线路相关工作		
1	变压器台架上更换配电柜出线、低压导线、金具、绝缘子	配电第一种工作票、配电故障紧急抢修单	线路停电
2	线路巡视	派工单	
3	砍剪树木	低压工作票	安全距离不够需停电
		派工单	安全距离满足要求
4	更换低压导线、横担、金具、绝缘子、电杆、拉线、跳线、下户线、负荷调整	低压工作票	
5	悬挂杆号牌、警示牌、清除鸟巢	低压工作票、派工单	
6	使用钳形电流表的测量工作	低压工作票、派工单	
7	低压线路故障抢修	低压工作票、配电故障紧急抢修单	
8	汽车充电桩维护	低压工作票	
五	通用		
1	线路设备验收	派工单	

第五章 配电网故障处理

第一节 配电网故障处理一般要求

一、故障处理原则

故障处理应遵循保人身、保电网、保设备的总体原则。故障处理中安全责任的划分按照"谁主管，谁负责""谁运维，谁负责""谁实施，谁负责"的原则。如存在施工或劳务外包，则按照安全协议的规定划分各单位的安全责任。具备配电自动化的区域优先采用馈线自动化处理故障，故障抢修作业优先考虑采用带电作业方式。故障处理应遵循"安全第一，恢复优先，修必修好"的原则，在确保安全的前提下，尽快查明故障地点和原因，消除故障根源，防止故障扩大，及时恢复用户供电，必要时应考虑采取应急电源接入方式临时恢复供电。

二、故障处理流程

故障处理过程中，应严格执行安全规程及两票实施细则，禁止无关人员接近故障线路和设备，避免发生局外人身伤亡事故。对外力破坏、电力设施盗窃和不可抗力自然灾害等引起的故障停电，设备运维单位应对故障情况及修复过程做好取证（摄影、录像）。人为因素（他人责任）造成的配电网故障应及时做好责任认定、追究和经济索赔工作，并及时上报运维主管部门。故障处理包括停电信息收集和发布、故障点判别和隔离、非故障区域恢复、故障点抢修、送电并恢复运行、故障统计和分析等环节。故障处理流程如图5-1所示。

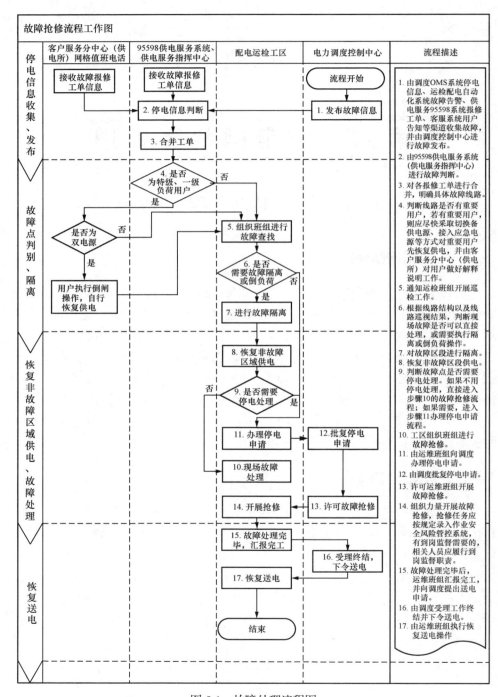

图 5-1　故障处理流程图

三、故障停电处理标准用语

1. 故障停电发生后

各单位供指分中心需发布详细停电内容：

【停电通知】****

【停电类型】****

【停电范围】****

【停电户数】****

【供指系统查询】说明台区、线路的停电次数。

各单位网格端需对用户发布停电信息及抢修人员出发照片（如图 5-2 所示）。

图 5-2　抢修人员出发照片

尊敬的电力用户，您好！我是××小区的供电网格客户经理××。目前××小区突发故障停电，请您不必惊慌，供电公司抢修人员已赶赴现场排查故障原因，抢修进度情况与预计恢复供电时间我们将积极跟进并及时在群内发布。给您用电带来不便深表歉意，感谢您的理解与支持！如有任何疑问，请拨打供电网格电话××××××××或国网武汉供电公司 24h 供电网格服务监督电话027-82295598，我们将竭诚为您提供服务。

2. 抢修人员到达现场后

各单位网格端需对用户发布故障现场排查情况及照片（如图 5-3 所示）。

尊敬的电力用户，您好！武汉供电公司目前已安排抢修人员、车辆、设备在现场进行故障排查，后续将尽快排除故障并安排送电，请您耐心等待，感谢您的理解与支持。

图 5-3　抢修人员到达现场照片

3. 确定故障点后

各单位供指分中心需更新停电原因：

【停电通知】***

【停电原因】****

【停电类型】****

【停电范围】****

【停电户数】****

【预计送电时间】***

【供指系统查询】说明台区、线路的停电次数。

各单位网格端需对用户发布现场检修照片（如图 5-4 所示）、故障原因及预计送电时间。

图 5-4　现场抢修照片

尊敬的电力用户，您好！经供电抢修人员现场核实，由于××××（例如：恶劣天气影响、高压设备故障、低压线路故障等，具体以调度通知的故障原因为准），××小区突发故障停电，工作人员正在全力抢修，预计恢复供电时间为××月××日××时××分。给您用电带来不便，深表歉意，感谢您的耐心等待！如有任何疑问，请拨打供电网格电话××××××××或国网武汉供电公司网格服务监督电话 027-82295598，我们将竭诚为您提供服务。

4. 停电范围变更后

各单位供指分中心需更新停电范围：

【变更通知】****

【停电原因】****

【停电类型】****

【停电范围】****

【停电户数】****

【变更送电范围】****

各单位网格端需对用户发布停电范围变更信息。

尊敬的电力用户，您好！根据现场抢修进度，××小区正在分区域有序恢复供电。截至××时××分，××栋、××栋已恢复正常供电，××栋、××栋预计恢复供电时间为××月××日××时××分。给您用电带来不便，深表歉意，感谢您的耐心等待！如有任何疑问，请拨打供电网格电话××××××××或国网武汉供电公司网格服务监督电话 027-82295598，我们将竭诚为您提供服务。

5. 故障处置完毕后

各单位供指分中心需更新送电时间：

【送电通知】****

【停电原因】****

【停电类型】****

【停电范围】****

【送电时间】****

各单位网格端需对用户发布送电提示和抢修完工现场照片（如图 5-5 所示）。

尊敬的电力用户，您好！截至××时××分，停电区域故障已修复，目前已恢复供电。感谢您的理解与配合！若您发现家中还未恢复供电，请您及时致电供电网格电话××××××××或国网武汉供电公司 24h 供电网格服务监督电话

027-82295598，我们会马上为您处理，给您用电带来不便，深表歉意。

图 5-5　抢修完工照片

第二节　配电网故障抢修指挥及信息报送

一、配电网抢修管理基本要求

配电网故障抢修管理遵循"安全第一、快速响应、综合协同、优质服务"的原则。

"安全第一"是指强化抢修关键环节风险管控，按照标准化作业要求，确保作业人员安全及抢修质量。

"快速响应"是指加强配电网故障抢修的过程管控，满足抢修服务承诺时限要求，确保抢修工作高效完成。

"综合协同"是指各专业（保障机构）工作协调配合，建立配电网故障抢修协同机制，实现"五个一"（一个用户报修、一张服务工单、一支抢修队伍、一次到达现场、一次完成故障处理）标准化抢修要求。

"优质服务"是指抢修服务规范，社会满意度高，品牌形象优良。

公司所属各级单位应依托运检管理系统（PMS），加强各应用系统间信息交互和数据共享，提高配电网基础管理水平和抢修资源统一管理能力。公司所属各级单位应整合内外部抢修资源，开展配电网抢修专业化梯队建设。

配电网抢修指挥人员配置应满足 7×24h 值班要求，保障及时处理工单，避免出现工单超时现象。配电网抢修指挥席位设置应考虑应急需求，保证业务量激增时工作开展需求。

现场抢修人员应服从配电网抢修指挥人员的指挥，现场抢修驻点位置、抢修值班力量应设置合理。运检部及属地供电所及时通报抢修驻点、抢修范围及联系人方式等变化情况。供电抢修人员到达现场的时间一般不超过：城区范围 45min；

农村地区 90min；特殊边远地区 2h。因特殊原因无法按时限要求到达现场的，抢修人员应及时与用户沟通，做好解释工作。

二、预警信息报送

故障信息收集的主要渠道包括但不限于以下四个方面：调度 OMS 系统停电信息、运检配电自动化系统故障告警、供服 95598 系统报修工单、客服系统用户告知故障。运维部门应及时掌握故障发生时间、故障区域、故障原因、故障类型、停电影响区域、台区、户数、倒闸预案、重要用户、故障恢复时间等重要信息。运维、调度、营销、供服等各专业间共享故障信息收集来源，统一故障信息发布渠道，沟通顺畅及时，发布准确有效。故障处理过程中，关键停送电时间节点应精确到分钟，必要时由营销部门对用户做好解释工作，告知预估来电时间。

发生配电网故障后，供指分中心每小时在"电网信息群"内进行预警，预警内容应包含停电时间、停电范围、影响户数等情况。

三、过程管控

停电 1h，供指发布停电第一次（黄色）预警，停电线路涉及班组、站所当班主任或副主任应到达现场并在电网信息群内反馈现场故障排查情况、故障点隔离情况、负荷恢复及转带情况、是否具备应急电源接入条件。

停电 2h，供指发布停电第二次（橙色）预警，运检部相关负责人应到达现场并在电网信息群内反馈抢修方案、抢修队伍组织情况、现场处置进度、预计恢复时间及应急电源接入情况。

原则上，区域配电网故障抢修停电时长不应超过 3h，即现场抢修人员应在 3h 内完成对故障点隔离、非故障区域供电恢复、抢修组织及故障处置送电。如有特殊情况超 3h 无法恢复供电，供指发布停电第三次（红色）预警，由分管领导汇报现场抢修方案、处置进度等具体情况。

停电 4h 后，供指每小时发布一次预警信息。由主要领导汇报抢修进度、停电影响户数及预计恢复时间。

第三节　配电网故障查找和隔离

一、故障范围研判

依据配电网抢修指挥故障研判技术支持系统采集的配电网故障、95598 报修、计划停电、配电变压器及低压设备召唤量测等信息，利用网络拓扑关系和营配调贯通结果，通过综合分析，判断故障位置、故障类型及停电范围。

1. 研判原则

应利用实时测量信息和"户—变—线—站"电源追溯，逐级校验用户侧表计故障、配电变压器故障、分支线故障和主干线故障等信息的准确性。主干线开关跳闸信息应结合该线路下的分支线开关失电信息和多个配电变压器停电告警信息，校验主干线开关跳闸信息的准确性；分支线开关跳闸信息应结合该分支线路下的多个配电变压器停电告警信息，校验分支线开关跳闸信息的准确性。配电变压器停电告警信息应通过配电变压器终端及该配电变压器下随机多个低压计量装置的电压、电流、负荷值来校验配电变压器停电信息的准确性。用户失电告警信息应通过用户侧低压计量装置的电压、电流、负荷值来校验用户失电告警信息的准确性。

2. 研判逻辑

研判逻辑应包括用户失电、低压线路失电、配电变压器失电、分支线失电、主干线失电 5 个层次的研判逻辑流程。不同的告警信息触发不同层次的研判逻辑流程，若同一时段接收到多个告警信息，应从最高层级的告警信息开始，即按照主干线失电、分支线失电、配电变压器失电、低压线路失电、用户单户失电的顺序进行研判分析。研判逻辑应能自动校验用户失电是否在当前停送电信息范围内，给出相应研判结论。

（1）用户失电研判：接收到用户报修信息或触发低压计量装置失电判断条件后，结合营销用户对应关系，应能获取用户侧低压计量装置及坐标信息，实现报修用户定位。依据网络拓扑关系，应由下至上追溯至所属配电变压器，通过用户侧低压计量装置及所属配电变压器的运行信息，应能实现故障范围的判断。

（2）低压线路失电研判：接收到低压线路失电告警信息或触发低压线路失电判断条件后，依据网络拓扑关系应由上至下获取该低压线路下所属用户侧低压计量装置信息，依据随机多个用户侧低压计量装置运行信息，应能校验低压线路失电告警信息的准确性。校验低压线路失电告警信息的准确性后，应由下至上进行电源点追溯至所属配电变压器。以该配电变压器为起点由上至下进行网络拓扑分析，依据该配电变压器及所属低压线路的运行信息应能实现停电区域的判断。

（3）配电变压器失电研判：接收到配电变压器失电告警信息或触发配电变压器失电判断条件后，依据网络拓扑关系应由上至下获取该配电变压器所属的低压线路信息。依据低压线路的运行信息应能校验配电变压器失电告警信息的准确性。校验配电变压器失电告警信息的准确性后，依据网络拓扑关系，应能由下至上追溯至公共分支线开关。依据由上至下的电网拓扑分析，结合公共分支线及所属配电变压器的运行信息，应能实现停电区域的判断。

（4）分支线失电研判：接收到分支线开关失电告警信息或触发分支线开关失电判断条件后，依据配电自动化的开关动作信息应能实现网络拓扑关系的更新，依据新网络拓扑关系应能由上至下获取该分支线所属配电变压器信息。依据随机多个配电变压器的运行信息，应能校验分支线开关失电告警信息的准确性。校验分支线开关失电告警信息的准确性后，依据新网络拓扑关系，应由下至上追溯至公共主干线开关。以该主干线开关为起点由上至下进行网络拓扑分析，依据主干线开关及所属分支线开关的运行信息，应能实现停电区域的判断。

（5）主干线失电研判：接收到主干线开关失电告警信息后，依据配电自动化的开关动作信息应能实现网络拓扑关系的更新，依据新网络拓扑关系，应由上至下获取所属分支线和配电变压器信息。依据随机多个分支线开关和配电变压器的运行信息，应能校验主干线失电告警信息的准确性。

二、现场故障排查

1. 故障查找一般要求

（1）架空类型线路发生故障，应立即核对线路走向图、负荷分布明细，明确线路走向、负荷分布、主线分支情况。组织主干线路全线故障巡视，利用各种技术手段快速判断并定位故障区段，优先对重要负荷区域、树障、跨越线路进行重点排查。在短时间无法定位故障点的情况下，采取逐段逐级拉合的方式进行排查，须遵循先主线后分支、先首端后末端的原则。必要时采取分段排查、登杆检查等手段。确定故障区段后应仔细核对同杆架设线路，避免误判。

（2）电缆类型线路发生故障，应立即核对电缆路径图、电缆中间头明细，明确电缆走向、电缆中间头位置、共通道电缆情况。组织各电缆段节点故障巡视，利用各种技术手段快速判断并定位故障区段，优先对易受外力破坏点、电缆中间头等处进行重点排查。未发现明显故障点时，应对所涉及的各段电缆使用耐压仪器进一步进行故障点查找。确定故障区段后应仔细核对故障点附近共通道所有电缆，必要时应采用电缆路径仪准确定位故障电缆，避免误判。

2. 不同故障类型的查线方法

（1）中压线路短路故障。

故障原因：电缆、开关柜、变压器等本体因设备质量造成短路；架空线或杆上设备（变压器、断路器）被外抛物短路或外力刮碰短路、汽车撞杆造成倒杆、断线，台风、洪水引起倒杆、断线；弧垂过大遇台风时引起碰线或短路时产生的电动力引起碰线；线路老化强度不足引起断线；线路过负荷触头接触不良引起跳线线夹烧毁断线；跌落式熔断器熔断件熔断引起熔管爆炸或拉弧引起相间弧光短路；线路老化或过负荷引起隔离开关线夹损坏烧断拉弧造成相间短路；高压配电柜，母线未作绝缘化处理，高压柜底板封堵不严；架空线触点未绝缘化；空旷、雷电活动频繁，架空线路区域雷击过电压。

故障查找方法：①充分利用自动化装置、故障指示进行故障范围研判；②按照先主干线后分支线的巡线要求开展故障巡视工作，巡视后查无明显故障的线路，应采取逐级试送；③查出故障点后，还应对线路进行一次全面巡视。

（2）接地故障。

故障原因：绝缘子/导线被雷击穿/击断；异物被风刮到高压带电体上；变压器、避雷器、开关等引线刮断形成接地；外力破坏；变压器高压绕组烧断后碰到外壳上或内层严重烧损主绝缘击穿；绝缘子绝缘电阻下降；线路上熔断器熔断一相，造成三相对地电容电流不平衡；配电变压器烧损相绕组碰壳接地，高压熔丝又发生熔断，其他两相又通过绕组接地；高压套管脏污或有缺陷发生闪络放电接地。

故障查找方法：①人工巡线法。有经验人员首先分析线路的基本情况、线路环境（有无树障）、历史运行情况（故障频发点），判断可能接地点；②分段选线法。如果线路上有分支开关，为尽快查找故障点，可用分断分支开关、分段开关办法缩小接地故障范围；由于绝缘子击穿形成隐形故障，查找起来比较困难，可通过测量绝缘电阻办法；③用钳型电流表查电缆接地故障；④用接地故障测试仪查找故障接地。

（3）低压线路故障。

故障原因：配电变压器高压侧熔断器熔断故障；配电变压器低压侧一相熔断器熔断故障；低压电网一相接地、短路故障；中性点断线。

故障查找方法：①全面巡线法；分组对线路进行巡视，主要利用自动化、故障、开关动作情况逐级缩小故障区域，然后利用望远镜、状态监测仪、电缆故障定位设备等精确定点；②绝缘遥测法。如果查无明显故障，可以通过线路整体绝缘遥测法，分段在长度较短且相应变压器断开情况下完成对相关线路的绝缘水平判断。绝缘遥测前，需要将线路对侧开关以及各个分支线路的开关及时断开，结合具体情况，先主干后分支排除绝缘良好线段，缩小故障范围。

三、现场故障隔离

故障判断应准确精细，明确故障点具体信息（如杆号、电缆段、设备名称等），相关信息应由工作班迅速上报至设备管理部门。明确故障点后，应优先隔离故障区段。故障隔离后，尽快恢复非故障区域供电，最大限度减少停电时户数，遵循"先主线，后分支""优先恢复重要用户供电"等恢复原则。定期更新线路倒闸预案，故障倒闸时根据事先拟定的倒闸预案，迅速转带负荷，快速恢复供电。倒闸操作应严格按照本规程倒闸操作部分执行。故障隔离区段用户具备双电源或应急发电，应由营销部门与用户对接，由用户执行倒闸操作或接入应急电源。应由营销部门负责监督用户做好防止反送电措施，避免因反送电给电网带来影响。

第四节　配电网故障抢修和恢复

一、抢修准备要求

故障抢修应根据故障类型、规模，事先明确抢修所需指挥、人员、调度、车辆、物资、工器具、通信等方面配置和要求。保证到达抢修现场后能够快速组织抢修，能够处理故障引起的突发事件。开展故障抢修标准化作业，实现抢修流程、现场作业、装备及工器具配置的规范统一。故障处理应严格执行"两票"规范，并及时更新作业安全风险管控系统。应制定重要设备及其他各类故障应急抢修预案，配置必要的应急供电设备（如小型发电机、发电车等）。

人员配置：每个抢修小组为驾驶员 1 人、工作人员 2～3 人（其中 1 人为小组负责人；必要时，根据故障性质，相应增加故障抢修人员）。

抢修车辆：统一印有国家电网有限公司企业标识及 95598 服务电话，采用国家电网有限公司统一颜色的皮卡车，做到专车专用。

抢修人员个人劳保用品配置：安全帽、工作服、工作裤、绝缘鞋、劳保手套。

抢修人员个人工具配置：平口老虎钳、活络扳手（8in、10in）、6in（十字、一字）螺丝刀、钳插皮带、小工具袋、验电器、钢卷尺（5m）、万用表、绝缘电阻表、钳型电流表等仪表一套，液压钳、大剪刀等较大工具一套。

抢修人员安全工器具配置：脚扣、安全带、油绳等登高工具及操作杆、个人保安线、接地线、安全围栏（彩带）等安全工具，榔头、铁钎等笨重工具固定放置在车辆架子内。

其他物品：干粉灭火器 1 只、应急照明灯 2 盏、简易医用急救箱 1 只。

除不可抗力因素外，抢修人员应按城市 45min，农村 90min，特殊边远地区 2h 内到达抢修现场，并根据实际情况合理预估故障修复时间。线路故障修复后，应检查故障点来电侧所有连接点（设备线夹、跳线、电缆终端接线端子等），防止发生次生故障，确无问题后方可恢复供电。故障处理完毕后，现场运维班组应严格履行工作票终结制度，现场自行设置的安全措施撤除、作业人员撤离后，由现场工作负责人立即汇报调度，调度发令拆除状态接地线并恢复送电；并及时通知营销部门送电结果，由营销部门对用户做好解释、安抚工作。

用户侧设备原因引起线路故障的，应由客服分中心（供电所）督促用户立即处理故障，并出具相关设备的检验、试验报告，由客服分中心（供电所）将报告转设备运维管理部门，确认用户侧设备故障已排除，不再对电网产生负面影响，由设备运维管理部门、调度同意后方可送电。

二、标准化抢修要求

1. 抢修作业计划

抢修作业计划实行刚性管理，禁止随意更改和增减作业计划，确属特殊情况需追加或者变更作业计划，应履行审批手续后方可实施。对无计划作业、随意变更作业计划等问题，将按照管理违章进行考核。作业计划还应满足以下要求：

（1）故障抢修日安排应作业前录入系统，经审核后发布。

（2）所有作业应评估风险等级，并将风险等级录入作业计划。三、四级风险的作业还应发布作业风险预警，预警单应在发布日安排前录入系统，签字、盖章页面应扫描录入。五级风险不能作业，必须采取措施，降低风险等级到四级及以下后，方可作业。

2. 现场勘察

对按规定需要进行现场勘察的作业，应组织现场勘察，填写现场勘察记录。并应满足以下要求：

（1）现场勘察记录应符合现场实际，宜采用文字、图示或与影像相结合的方式，记录应全面、完整，记录内容应包括工作地点需停电的范围，保留的带电部位，作业现场的条件、环境及其他危险点，应采取的安全措施，附图与说明。

（2）现场勘察记录对危险点应分析到位，制定的措施应有针对性，并与"三措"、工作票及实际采取措施保持一致。

（3）现场勘察记录应在发布日安排前录入系统。

3. "两票"填用

在电气设备上及相关场所的工作，均应填用操作票、工作票。并应满足以下要求：

（1）操作票、工作票票种应选择正确，票面填写应内容规范、无遗漏项，附图正确、清楚、一目了然，签发（含"双签发"）、许可手续齐全，人员签名正确、齐全。

（2）操作票、工作票工作内容、安全措施等应根据现场勘察和风险评估结果填写，防触电、防倒杆断线、防高处坠落、防物体打击等方面的措施应符合现场实际。

（3）作业前应向系统上传已经许可或下令的操作票、工作票，作业后应上传已终结的操作票、工作票，无内容变动的票面无需重复上传，工作票上传时间应满足省公司相关文件要求，上传的照片应完整、清晰、直观。

4. 安全文明设施

为规范现场安全作业环境，营造现场安全文化氛围，现场安全文明设施的布置应统一、规范、整洁、朴素、美观。并应满足以下要求：

（1）现场应统一使用安全管理看板、警示牌、定置分区等装备，进行现场安全文明设施布置。现场其他物品应做到标识明显、统一规范。

（2）现场应按规范设置工作区、危险区和休息区，围栏应按工作需要要求设置，工作区应悬挂"工作区，非工作人员禁止入内"警示牌，危险区应悬挂"危险区，非指定人员禁止入内"警示牌，现场各类标示牌、警示牌、安全操作规程牌应齐全完整，悬挂符合规定。

（3）施工过程中现场布置的安全文明设施应始终保持完好，作业人员进出作业现场应设专用通道，作业人员由通道进出现场，进出后应随时保持通道封闭。

（4）在道路附近施工时，应在施工地点道路前后按规定设置道路警示牌，夜间应放置反光标识。按工作需要封闭道路时，应设置围栏，并派人指挥。

（5）现场的工具、材料及设备应定置化管理，做到区域划分明确合理、标识清楚，存放场地应平整、坚实，现场按规格型号分类，整洁有序摆放，安全工器具应与地面有防潮铺垫隔离措施，摆放数量应满足工作需要。

5. 作业人员

包括外来施工人员等所有现场作业人员应实现同质化管理，作业资格必须符合国家和企业的有关规定，身体应检查合格，年龄应适合工作岗位要求。并应满足以下要求：

（1）作业人员应熟悉《电力安全工作规程》并经考试合格；"三种人"应经考试合格并经文件公布确认；临时劳动力民工应经过安全知识教育。

（2）特种作业人员及特种设备操作人员应持证上岗，其证件应在有效期内。

（3）作业人员应按岗位职责正确佩戴相应类型的安全帽，穿戴整齐，统一全棉长袖工作服、绝缘鞋。夜间及道路附近施工穿反光标志服装。

（4）作业人员佩戴的胸卡等岗位标志应正确、规范。

6. 班前会

班前会由工作负责人组织全体工作班成员召开，布置风险预控措施，交代工作任务、作业风险和安全措施，检查安全工器具、劳动防护用品和人员精神状况。并应满足以下要求：

（1）全体作业人员应着装整齐，统一进入作业现场。工作负责人应面对列队工作班成员，对照生产现场安全管理看板进行"三交三查"，"三交三查"应内容完整、符合实际，作业现场危险点及其控制措施应明确、具体、正确。

（2）工作负责人及工作班成员应精神状态饱满、振作，语言准确、清楚、洪亮，注意力集中，无疲劳困乏或情绪异常现象。对精神状态不良者处理妥善。

（3）现场应抽取工作班成员提问，确认全体作业人员（包括民工和外来人员）熟悉其岗位的工作任务、工作内容、工作流程，明确工作中的危险点，掌握现场采取的安全措施，并签字确认。班前会文字和录音记录应完整齐全。

（4）使用前要对安全工器具、劳动防护用品进行外观检查，确保安全工器具、劳动防护用品铭牌、编号、检验标签等标志齐全，并均在规定的试验周期内。对不合格或有缺陷的应及时清理出场。

使用前外观检查内容：绝缘部分无裂纹、老化、污秽、绝缘层脱落、严重伤痕；固定连接部分无松动、锈蚀、断裂等现象；金属部分无变形和绳（带）损伤；声光部分正常；电气工具电缆线无破损、金属外壳接地良好；电动工具做到"一机、一闸、一保护"、手持部位绝缘良好。

（5）作业前应向系统上传班前会资料，班前会照片应包括站班会照片、作业现场布置照片、安全管理看板照片等，并涵盖全部参与作业的人员，人数要与工作票对应（拍照者可除外）。

7. 安全措施布置

现场停电、验电、装设接地线等安全措施应根据各专业的规程要求进行布置。安全措施布置完成前，禁止作业。措施布置还应满足以下要求：

（1）布置和解除安全措施时，应正确使用合格的验电器、绝缘手套和绝缘棒等安全工器具，按规范程序要求进行，设置和解除过程中应设专人监护。

（2）安全措施的布置和解除应严格按照现场所持"两票"要求进行。当验明设备确已无电压后，应立即将检修设备接地并三相短路，工作地段各端和工作地段内有可能反送电的各分支线都应接地。

（3）现场为防止感应电或完善安全措施需加装接地线时，应明确装、拆人员，每次装、拆后应立即向工作负责人或小组负责人汇报，并在工作票中注明接地线的编号，以及装、拆的时间和位置。

（4）作业前应向系统上传现场安全措施资料，作业中上传补充安全措施及个人安全防护措施资料，现场安全措施照片应包括现场所挂接地线（与工作票对应）、警示标志、安全围栏、个人安全防护等。

8. 现场作业

现场作业应重点管控以下内容：

（1）现场作业人员安全要求：作业人员应正确佩戴安全帽，统一穿全棉工作服、绝缘鞋。特种作业人员及特种设备操作人员应持证上岗。开工前，工作负责人对特种作业人员及特种设备操作人员交代安全注意事项，指定专人监护。特种作业人员及特种设备操作人员不得单独作业。外来工作人员须经过安全知识和《电力安全工作规程》培训考试合格，佩戴有效证件，配置必要的劳动防护用品和安全工器具后，方可进场工作。

（2）安全工器具和施工机具安全要求：作业人员应正确使用施工机具、安全工器具，严禁使用损坏、变形、有故障或未经检验合格的施工机具、安全工器具。特种车辆及特种设备应经具有专业资质的检测机构检测、检验合格，取得安全使用证或者安全标志后，方可投入使用。

（3）工作责任人需携带工作票、现场勘察记录，"三措"等资料到作业现场。

（4）涉及多专业、多单位的大型复杂作业，应明确专人负责工作总体协调。

9. 现场监护

对有触电危险、施工复杂、容易发生事故等作业，工作票签发人或工作负责人应增设专责监护人，作业监护应满足以下要求：

（1）专责监护人应明确被监护的人员和监护范围，不得兼做其他工作。

（2）专责监护人应佩戴明显标识，始终在工作现场，及时纠正不安全的行为。

（3）专责监护人临时或长时间离开工作现场时，应履行相应的手续，并告知全体被监护人员。

10. 到岗到位

按照"管业务必须管安全"的原则，作业现场应根据到岗到位标准，落实到岗到位相关要求，重点监督以下内容：检查"两票""三措"执行及现场安全措施落实情况，安全工器具、个人防护用品使用情况，大型机械安全措施落实情况，作业人员不安全行为。到岗到位人员对发现的问题应立即责令整改，并向工作负责人反馈检查结果。到岗到位应有图片和文字记录，现场工作负责人应记录领导干部和管理人员到岗到位信息。

11. 班后会

班后会应在工作结束后由工作负责人组织全体工作班成员召开，并应满足以下要求：

（1）通过班后会现场三检查，对当天工作现场进行清理，对问题和亮点进行总结。

（2）工作负责人及工作班成员应精神状态饱满、振作，语言准确、清楚、洪亮，注意力集中，无疲劳困乏或情绪异常现象。对精神状态不良者处理妥善。

（3）班后会应对作业现场安全管控措施落实及"两票""三制"执行情况总结评价，分析不足，表扬遵章守纪行为，批评忽视安全、违章作业等不良现象。

（4）作业后上传班后会资料，班后会照片应包括全部参与作业的人员，人数要与工作票对应（拍照者可除外）。

三、故障恢复和送电

抢修人员应检查现场故障区段与非故障带电区段间有明显断开点，导体开断点带电侧应采取可靠绝缘、设置围栏或悬挂警示牌等隔离防护措施，应将相关要求记入配电故障紧急抢修单或工作票，在抢修班前会上予以强调并确认每位抢修班成员均知晓。

抢修人员应根据有关规定履行许可手续，不属供指中心管辖的设备，由设备运维班组许可人许可；对于属于供指中心管辖的设备，需供指中心下达指令，抢修人员方可开工。

抢修人员应按照故障分级，优先处理紧急故障，如实向上级部门汇报抢修进展情况，直至故障处理完毕。预计当日不能修复完毕的紧急故障，应及时向供指中心备案；抢修时间超过 4h 的，每 2h 向供指中心报告故障处理进展情况；其余短时间修复故障抢修，抢修人员应在 1h 内汇报预计恢复时间。

由供指中心根据预计恢复时间，提前通知现场倒闸操作人员，按照调度操作指令票预操作时间到达现场。

线路故障修复后，抢修人员应检查故障点来电侧所有连接点（设备线夹、跳线、电缆终端接线端子等），防止发生次生故障，确无问题后方可恢复供电。

抢修工作负责人应根据有关规定履行终结手续，不属供指中心管辖的设备，由抢修队伍现场操作送电；对于供指中心管辖的设备，需供指中心下达指令，抢修人员方可进行恢复送电操作。

故障处理完毕后，抢修人员应在 5min 内利用抢修 App 终端及时完成工单回填并发送至供指中心审核，并拍摄抢修完工现场照片发送至各单位营配协同微信群，网格员对用户做好解释、安抚工作。供指中心应在 30min 内完成工单办结。

用户侧设备原因引起线路故障的，应由客服分中心（供电所）督促用户立即处理故障，并出具相关设备的检验、试验报告，由客服分中心（供电所）将报告转设备运维管理部门，确认用户侧设备故障已排除，不再对电网产生负面影响，由设备运维管理部门、调度同意后方可送电。

第五节　故障分析和统计

一、故障分析与上报

运检单位应重点加强配电网故障分析，提出整改措施，故障信息应及时录入系统，县公司每周组织配电网故障统计分析，地市公司每月组织配电网故障统计分析。

　　故障分析应由班组技术员组织设备主人撰写，运行专责审核，由主任工程师、分管领导双审批。在进行故障处理的过程中，要注意收集、记录、保留故障过程资料，对故障点进行影像资料留存，必要时留存故障部位实物。对发生的每起线路故障进行分析，须做到"一事一分析"，对重复、重要、疑难故障应组织开展故障分析会。故障分析应从事故责任、故障原因、防范措施等方面进行，形成书面分析报告上报。针对高故障线路，应重点分析、全面排查，制订相应改造计划。

　　线路故障引发如下情况者，需立即逐级上报公司相应部室人身触电伤亡事故：大量设备烧损事故；引起重要、敏感用户（含党政机关、部队、医院、电台、电视台、供水、交通枢纽、大型住宅小区、四星级及以上酒店、高价值养殖集中地区等）停电，并可能造成恶劣社会影响和引起纠纷的故障；《国家电网公司安全事故调查规程》中规定必须上报的。

二、故障分析要求

　　故障分析应包括线路或设备名称、投运时间、制造厂家、规格型号、施工单位等，故障处置情况、故障原因分析、配电自动化分析及前期采取的防范措施。故障原因分析应包含故障描述，故障直接、间接原因分析，需包括二次保护装置动作情况，如果保护误动，还应分析误动原因。故障整治措施应逐一列出改进措施、完成时限及责任人，对于需要网改、迁改项目解决的应尽快组织设计储备纳入次月可研初设项目审查。责任考核应按照公司下达的运维奖惩办法，明确设备主人和管理人员责任，明确考核金额。

三、故障分析模板

　　由于专用用户原因造成公用线路故障，应在分析报告中明确说明。由于单一不可抗力（包括但不限于外破事件、恶劣天气、地质灾害等）事件造成的多起故障，可合并撰写针对该事件的综合分析报告。分析报告除常规内容外还应包括事件描述、受损统计、舆情报告等内容。由于同一品牌、批次、类别设备造成多起的故障，故障设备必须送检，上报典型缺陷。对于家族性缺陷，参照本规程缺陷处理中相关规定执行。配电网故障停电分析应按照模板完成撰写，中心城区故障停运消耗时户数超 50 时户、远城区故障停运消耗时户数超 100 时户的称为大时户故障。发生大时户故障停运后，两个工作日内需提交大时户故障停电"一事一分析"报告，模板详见［示例 5-1］［示例 5-2］。

示例 5-1　停电时长预警

1. 停电时长已超 1h 预警

截至 3 月 30 日 08：50 超 1h 未恢复供电线路 1 条：

07：40 10kV 侏 510 成功线，速断保护动作重合闸成功，负荷电流由 90A 降至 34A，预计送电时间为 3 月 30 日 11：50。

未恢复范围：红光村、群力村、新帮村、五姓口村、合丰桥村。

根据采集系统查询，涉及掉线台区公用配电变压器 30 台、专用配电变压器 20 台，低压用户 1900 户。

请侏儒所反馈现场故障排查情况、故障点隔离情况及负荷恢复、转带情况。

2. 停电时长已超 2h 预警

截至 3 月 30 日 09：50 超 2h 未恢复供电线路 1 条：

07：40 10kV 侏 510 成功线，速断保护动作重合闸成功，负荷电流由 90A 降至 34A，预计送电时间为 3 月 30 日 11：50。

未恢复范围：红光村、群力村、新帮村、五姓口村、合丰桥村。

根据采集系统查询，涉及掉线台区公用配电变压器 30 台、专用配电变压器 20 台，低压用户 1900 户。

请运检部反馈抢修方案、抢修队伍组织情况、现场处置进度及预计恢复时间。

3. 停电时长已超 3h 预警

截至 3 月 30 日 10：50 超 3h 未恢复供电线路 1 条：

07：40 10kV 侏 510 成功线，速断保护动作重合闸成功，负荷电流由 90A 降至 34A，预计送电时间为 3 月 30 日 11：50。

目前故障已隔离，已做分步送电。

未恢复范围：新帮村、五姓口村、合丰桥村。

根据采集系统查询，涉及掉线台区公用配电变压器 20 台、专用配电变压器 16 台，低压用户 1225 户。

请供电所做好停电区域网格服务工作，请分管领导汇报现场抢修方案、处置进度等具体情况。

4. 停电时长已超 4h 预警

截至 3 月 30 日 11：30 超 4h 未恢复供电线路 1 条：

07：40 10kV 侏 510 成功线，速断保护动作重合闸成功，负荷电流由 90A 降至 34A，预计送电时间为 3 月 30 日 14：30。

目前故障已隔离，已做分步送电。

未恢复范围：新帮村、五姓口村、合丰桥村。

根据采集系统查询，涉及掉线台区公用配电变压器 20 台、专用配电变压器 16 台，低压用户 1225 户。

请供电所持续做好停电区域网格服务工作，请主要领导反馈现场抢修方案、处置进度。

示例 5-2　大时户分析

×× 市 ×× 县
20×× 年 ×× 月 ×× 日 ×× 线故障停电 ×× 时户数
"一事一分析" 报告

一、故障概况

故障单位：国网 ×× 供电公司 ×× 县/区供电公司/中心 ×× 供电所

停电时间：×× 年 ×× 月 ×× 日 ×× 时 ×× 分—×× 时 ×× 分

故障概述：×× 时 ×× 分，×× 供电所 ×× 变电站 ×× 线 ×× 开关 ×× 保护动作跳闸/接地选停 ×× 开关（含设备动作情况），……（一句话简要概括故障原因），停电时长 ×× 小时（保留 2 位小数），共影响 ×× 时户数（保留 2 位小数）。故障性质为 ××（故障跳闸/主动停运/上级电源点故障）。

二、故障处置过程

1. 关键节点及时户数计算

故障研判指挥时间：故障发生 ××：××—现场人员接单 ××：××，计 ×× 分钟。

抢修人员到场时间：现场人员接单 ××：××—到达现场 ××：××，计 ×× 分钟。

现场抢修时间：到达现场 ××：××—全线复电时间 ××：××，计 ×× 分钟。

注：①日期填写发生日期；②标题写明停电时户数；③10kV 线路名称采用双编号，例如：10kV 文 05 五龙线。

（1）现场人员接单时间、到达现场时间以供指系统对应工单时间为准。

（2）请提供故障线路拓扑图（如图 5-6 所示）。应使用配电云主站拓扑图，白色背景，标明故障点和自动化开关位置。若云主站拓扑图有误，请另行提供。

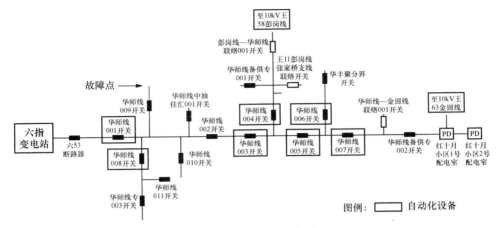

图 5-6　故障线路拓扑图

本次故障影响××台区，故障区段台区共××台，故障区段台区占比××%（2 位小数），分×次将所有台区恢复供电，累计停电时户数分时段统计见表 5-1。

表 5-1　　　　　　　　　累计停电时户数分时段统计

处置阶段	时间	隔离/恢复操作	停电台区数	累计停电时户数
故障发生	1：00	××开关跳闸/接地选停××开关	100	—
第一次恢复	3：00	分××开关，合××开关	40	200
第二次恢复	6：00	拉开××隔离开关，合××开关	10	320
全部恢复	10：00	合××开关	0	360
故障区段停电时户数				90
非故障区间停电时户数占比				75.00%

注　1. 多次台区停电恢复可增加次数。

　　2. 停电台区数量填写当前时刻仍处于停电状态的台区数量。

　　3. 累计停电时户数=本阶段恢复时长×上阶段的停电台区数量+上阶段的累计停电时户数。故障发生时刻无累计停电时户数。

　　4. 故障区段为无法通过隔离或转供恢复供电的停电区段，最后一次恢复为故障区段涉及台区。

2. FA 动作分析

（1）FA 类型：××型（就地型/半自动集中型/全自动集中型等）。

（2）FA 动作正确性研判：本次故障 FA 启动/未启动，（若 FA 启动）FA 研判的故障区间为：……，FA 动作正确/不正确。

（3）（若 FA 动作不正确）分析 FA 未启动或错误动作的原因/（若 FA 动作正确）FA 是否成功隔离故障：是/否（需附带 FA 启动和 SOE 截图、SOE 报表等文件）。

注：FA 研判故障区间为距离故障点最近的各自动化开关之间则称为 FA 动作正确；若 FA 动作不正确，需要结合现场故障区间判断，与配电自动化系统内的动作信号以及故障动作记录报告结合分析，将变电站开关参与动作信号列进来，重点分析配电自动化系统内是否存在错误动作信息。提供配电自动化系统 SOE 记录截图佐证，并且以 Excel 文件形式提供故障线路当天配电自动化系统全量的 SOE 记录。

三、网架、设备及运行管理情况

1. 网架结构情况

××线××—××开关段线路（故障区段）长度约××千米，主干线导线型号为××，属裸导线/架空绝缘线/电缆，支线导线型号为××，属裸导线/架空绝缘线/电缆，故障点××区段导线型号为裸导线/架空绝缘线/电缆+型号（如裸导线 LGJ-35）。

网架结构薄弱点：……（注：分段是否合理，分支是否有隔离设备，挂接配电变压器是否均衡等，请对照《湖北电网规划建设改造技术原则》梳理）。

2. 设备故障原因及相关情况

本次故障点位于××，故障原因为××，故障原因分类属××（注：参考《供电系统用户供电可靠性停电责任原因分类及填报说明》中的故障停电责任原因，需附带故障现场、设备照片及相关佐证图片）。

故障设备运维情况：××开关为柱上断路器/负荷开关，型号为××，生产厂家为××，投运时间为……××××年××月（示例，描述清楚故障设备基本情况）。（若故障设备为公用设备）××供电所于××××年××月××日对故障设备进行巡视，发现××隐患，已下达整改计划，未及时实施导致故障发生。（若故障设备为专用设备）××××年××月开展日常用电安全检查，发现××隐患，向用户下达隐患整改通知书，未跟踪督促用户及时完成整改导致故障发生。（示例，说明故障设备运维是否落实到位）……

注：故障描述应具体到设备、杆塔。故障设备需提供投运时间、检修试验情况、运维保障情况等，并综合研判故障发生的本质原因。若有与故障区段复电有关的近区其他故障和异常情况也应分析。中压用户停电责任原因编码表见表 5-3。

表 5-2   中压用户停电责任原因编码表

预安排停电（50）			故障停电（51）		
序号	责任原因名称	编码	序号	责任原因名称	编码
1	10（20、6）kV 配电网设施计划检修	5000	1	规划、设计不周	5100
2	10（20、6）kV 馈线系统设施计划检修	5001	2	施工、安装原因	5101
3	10（20、6）kV 母线系统设施计划检修	5002		—	
4	35kV 设施计划检修	5003	3	产品质量原因	5110
5	66kV 设施计划检修	5004	4	设备老化	5111
6	110kV 设施计划检修	5005		—	
7	220kV 及以上电压等级设施计划检修	5006	5	检修、试验质量原因	5120
8	外部电网设施计划检修	5007	6	运行管理原因	5121
	—		7	责任原因不清	5129
9	10（20、6）kV 配电网设施临时检修	5010		—	
10	10（20、6）kV 馈线系统设施临时检修	5011	8	交通车辆破坏	5130
11	10（20、6）kV 母线及以上设施临时检修	5012	9	动物因素	5131
12	外部电网设施临时检修	5103	10	盗窃	5132
	—		11	异物短路	5133
13	10（20、6）kV 配电网设施计划施工	5020	12	外部施工影响	5134
14	10（20、6）kV 馈线系统设施计划施工	5021	13	其他外力因素	5139
15	10（20、6）kV 母线系统设施计划施工	5022		—	
16	35kV 设施计划施工	5023	14	自然灾害	5140
17	66kV 设施计划施工	5024		—	
18	110kV 设施计划施工	5025	15	雷害	5150
19	220kV 及以上电压等级设施计划施工	5026	16	大风大雨	5151
20	外部电网建设施工	5027	17	其他气候因素	5159
21	业扩工程施工	5028		—	
22	市政工程建设施工	5029	18	用户影响	5160
	—		19	10（20、6）kV 馈线系统故障	5170
23	用户计划申请	5030	20	10（20、6）kV 母线系统故障	5171
24	用户临时申请	5031	21	35kV 设施故障	5172
	—		22	66kV 设施故障	5173
25	供电网限电	5040	23	110kV 设施故障	5174
26	系统电源不足限电	5041	24	220kV 及以上电压等级设施故障	5175
	—		25	外部电网设施故障	5176
27	雷电	5050		—	
	—		26	低压设施故障	5180
28	低压作业影响	5060	27	发电设施故障	5190

3. 运行方式安排及故障处置情况

××线为××变电站 10kV 出线间隔，（若无联络线）无联络线。/（若有联络线）联络线为××线，联××开关为运行/热/冷备用。（若为特殊运行方式）全线/××开关至后续线路由××线供电。（若有联络线）故障处置过程中利用××联络开关恢复部分线路供电/××联络开关位于故障区间，无法通过此开关转供。（此句描述故障处置过程利用联络线转供恢复情况）

注：说明故障前的接线和供电方式，联络开关运行方式（含联络开关名称，处于热备用或冷备用状态）、故障处置过程转供恢复情况、相关变电站运行方式（涉及主网故障需要描述）等。

故障线路有/无故障应急处置预案。故障处置流程按照/未按照先复电后抢修进行。运用/未运用配电自动化系统开展故障处置，××（具体描述如何运用）。故障处置的方式安排、转供方案合理/不合理。

4. 历史跳闸情况（注：需列出故障线路近一年的跳闸情况）

历史跳闸情况统计表见表 5-3。

表 5-3　　　　　　　　　　　　历史跳闸情况统计表

序号	停电开始时间	停电结束时间	故障原因	原因分类	故障类型	停电范围	停运台区数量	时户数
⋮					全线/支线	××开关		

四、暴露问题和下一步措施

（1）网架和设备问题：略。

下一步措施：略（责任部门：……整改时限：……）。

（2）运维和抢修问题：略。

下一步措施：略（责任部门：……整改时限：……）。

（3）方式安排和故障处置问题：略。

下一步措施：略（责任部门：……整改时限：……）。

（4）技术手段问题：略［包括配电自动化应用问题，基础数据问题（含图模问题、开关问题、保护配置问题等）］。

下一步措施：略（责任部门：……整改时限：……）。

第六章　配电网运维资料管理及运行分析

第一节　运维资料管理一般要求

运维资料管理是运行分析的基础，运维单位应积极应用各类信息化手段，确保运维台账、图模等资料的及时性、准确性、完整性、唯一性，减轻维护工作量。

运维管理部门应结合生产管理系统（PMS 系统）逐步统一各类资料的格式与管理流程，实现规范化与标准化。除档案管理有特别要求外，各类资料的保存力求无纸化。

运维单位应根据配电网管理工作、运行情况、巡视结果、状态评价等信息，对配电网的运行情况进行分析、归纳、提炼和总结，并根据分析结果针对性制定解决措施，提高运行管理水平。

运维单位应根据运行分析结果，对配电网建设、检修和运行等提出建设性意见，并结合本单位实际制定应对措施，必要时应将意见和建议向上级反馈。配电网运行分析周期为地市公司每季度一次、运维单位每月一次。

第二节　运维资料管理

运维资料管理应注意资料的及时性、准确性、完整性、唯一性，主要包括投运前资料、运行设备资料、检修试验资料、家族缺陷资料四类，包括但不限于生产准备及验收、配电网巡视、配电网维护、倒闸操作、缺陷及隐患处理、故障处理等环节涉及的运行资料。

一、运维资料管理及时性要求

（1）投运前资料。配电网设备投运前信息应在设备投运前 3 天录入生产管理系统（PMS 系统）。

（2）运行设备资料。巡视记录应在巡视完成后录入生产管理系统（PMS 系统），配电设备缺陷信息应在缺陷发现后 3 个工作日内录入生产管理系统（PMS 系统），其他运行信息应在工作完成后 7 日内录入生产管理系统（PMS 系统）。

（3）检修试验资料。应在检修试验结束后 7 日内录入生产管理系统（PMS 系统）。

（4）家族缺陷资料，在公开发布后 1 个月内，应完成生产管理系统（PMS 系统）中相关设备状态信息的变更和维护。

二、运维资料管理准确性要求

运维资料应真实反映现场情况，生产管理系统（PMS 系统）及地理信息系统（GIS 系统）资料数据应以此为依据，及时进行相应的修改和编辑，确保与现场情况一致。

三、运维资料管理完整性要求

运维资料应严格按照生产管理系统（PMS 系统）、地理信息系统（GIS 系统）等生产业务系统台账录入要求，完整记录现场设备参数。

四、运维资料管理唯一性要求

配电线路设备资料应严格按照"线上线下一本账"的原则，应结合公司生产运维管理系统（PMS 系统）逐步统一各类资料的格式，实现运维资料规范化与标准化。

第三节　运维资料异动管理

一、运维资料异动适用范围

电网资源设备图数异动是指新建、改建、大修等电网工程（含业扩、增容、销户等）、故障抢修等引起的电网设备网络拓扑、参数及设备命名变化，具体异动业务包括配电网新装线路、新增公用配电变压器、配电网改造变更、抢修消缺异动，线路、变压器更名；10（20）kV 公用线路新投、拆除、杆线下地及割接改造（部分业扩项目也涉及到公用线路改造）；公用配电变压器的新投、增容及拆除等。配电网中压异动引起的低压线路变更，低压配电线路开 π、新增支线、改造（杆塔、导线等异动）、拆除等；以及运检、营销人员日常工作中发现的图实不符情况，故障研判、停电通知等应用筛查出的图实不符情况。

二、运维资料异动一般管理流程

配电网中压设备图数异动应通过工单系统提报异动申请，各申请部门（单位）应及时、准确、规范地上传设备异动相关资料。

对于配电网新建、技改大修、迁改、网改、用户工程、业扩配套、销户、新住配、新住配完善等计划检修业务引起的设备异动，项目管理单位应提前做好设备异动资料收集、整理并报送配电（运检）、营销（若涉及用户资料）、供指中心审核；应确保至少在现场开工（或设备投运）前 11 个工作日将完整、准确的设备异动资料提交审核。

基于"增量带动存量治理"的原则，各设备运维单位于现场开工（或设备投运）前 3 周同步开展存量设备图数核查治理工作。

三、特殊类设备异动管理流程

对于故障、紧急消缺引起的设备图数异动，由设备运维单位在产生设备异动后 1 个工作日（以调度日志时间为准）内启动配电网抢修图数异动流程，报送并审核所辖设备异动资料（设备台账、变更接线图），抢修完成 3 个工作日内，完成图数维护、审核及发布。供指（分）中心每周根据电网故障跳闸等运行情况，对运维单位所发起的抢修工单进行检查和督办。

对于中压用户过户、更名等用户变更引起的设备异动，原则上营销班组应在用户信息变更流程归档后 1 个工作日内在工单系统发起用户变更工单，上传设备异动资料，在同源维护应用中完成用户设备更名并推送图模至配电自动化系统审核。配电、营销、供指人员在日常业务管理及数据应用过程中发现图实不符后，在工单系统发起图实相符工单，由数据生产主人开展现场数据核查，提交设备变更申请单、设备台账明细、线路单线图（标注变更部分，线路单线图需由配电、营销数据主人及同源数据治理专责手写签字）等资料，依据图实相符流程完成图数维护、审核及发布。

四、设备异动资料准备要求

设备异动资料要求：对于计划检修类业务（迁改工程、用户工程、新住配工程除外），应提交设备变更单、线路单线图（标注变更部分）、设备台账信息、新投设备照片、设备实物 ID 信息等；对于迁改工程，应提交设备变更单、线路单线图（标注变更部分）、设备台账信息、新投设备照片等；对于用户工程，应提交设备变更单、竣工图、供电方案答复函等；对于新住配工程，应提交设备变更单、线路单线图（标注变更部分）、设备台账信息、供电方案答复函等（设备台账信息详细字段要求参见《公司配电设备台账管理规范》）。

凡是新投的电缆分支箱、环网柜、配电变压器、箱式变电站、柱上变压器、柱上断路器、柱上负荷开关等设备，需将实物 ID 二维码图片作为设备资料，与设备台账一并提报；无法及时提报实物 ID 图片需在发起设备图数异动工单时作相应说明，否则将进行退单处理。

五、设备异动资料审核

项目管理单位将设备异动资料收集完毕后，若涉及用户资产变更，则由供电所/营业班对用户设备资料进行审核；若不涉及，则直接由配电运检班组审查设备异动资料，核对已领用设备信息的正确性。

六、设备异动图数维护

异动资料审核通过后提交至数据管控组，数据管控组对设备异动资料审核后，在同源维护（营销业务应用，若涉及用户资产变更）中完成异动设备台账录入及图形维护。其中，新住配工程由对应的数据采录单位负责图数维护，数据管控组负责质量把关。

七、设备异动图模配电自动化审核要求

配电设备管理单位审核配电网图模中公用设备台账及图模维护规范性、与现场一致性等，用户管理单位审核营销各业务系统用户设备台账信息（若涉及用户资产变更），审核通过后，将图模推送至配电自动化系统进行审核。针对计划检修类设备图数异动，应确保在设备投运前至少 6 个工作日将配电网图模推送至配电自动化审核。针对高压业扩用户工程，需运检、营销专业紧密协同，运检专业应在设备投运前至少 6 个工作日完成"站—线—变—户"接入点及以上公用设备图数维护，并将图模推送至配电自动化审核；营销专业在设备投运后 2 个工作日内完成"站—线—变—户"接入点以下用户设备图形维护。

针对配电网抢修类设备异动，应确保在抢修工作完成后 3 个工作日内将配电网图模推送至配电自动化审核。针对用户变更类设备异动，原则上应确保在用户变更流程归档后 1 个工作日内将配电网图模推送至配电自动化审核。

八、设备异动图模复审

供指（分）中心结合设备变更申请单、线路单线图（标注变更部分）、停电

计划等资料对接收到的配电网图模进行审核，无误后进行二次设备关联等相关操作。若审核不通过，在工单系统中审批退回并写明退回原因，由设备运维单位根据退回意见进行核实整改后，再推送至后续流程环节。应在现场作业（或设备投运）前至少 3 个工作日确保推送至配电自动化系统的图模与线路单线图的信息一致。

九、设备异动图数发布

项目按计划施工完毕且设备送电完成（含配电自动化设备验收通过）后，供指（分）中心在配电自动化系统进行单线图红转黑；红转黑后，设备运维单位在同源维护中完成图数发布。针对新住配工程，设备运维单位完成"站—线—变—户"接入点及以上公用设备图数维护，运检审核通过后即可完成图数发布。针对高压业扩用户工程，业务受理单位应在设备投运后 2 个工作日内完成"站—线—变—户"接入点以下用户设备图形维护，设备运维单位配合将图模推送至配电自动化审核。

第四节 运行分析及报告

一、配电网运行分析说明

运行分析是掌握设备健康状态和变化趋势，抑制缺陷产生，查找问题，有针对性制定措施，保证线路设备安全运行的重要手段。内容应包括但不限于运行管理、配电网概况及运行指标、巡视维护、试验（测试）、缺陷与隐患、故障处理、电压与无功、负荷等。市、县公司配电网管理部门应定期组织开展配电网运行分析。

运行管理分析，应对管理制度是否落实到位、管理是否存在薄弱环节、管理方式是否合理等问题进行分析。

配电网概况及运行指标分析，应对当前配电网基础数据和配电网主要指标进行分析，包括但不限于配电网规模、配电网设备情况、配电网自动化系统状况、配电网不停电作业管理状况、异常配电变压器情况、设备故障情况、故障报修情况、配电网缺陷情况、95598 投诉情况等。运行分析结果应作为配电网规划设计、建设改造、设备选型、电网运行控制、反事故措施制定的重要依据。

二、配电网分析报告类别

配电网运行分析报告包括但不限于配电网运行周报、配电网运行月报、配电网运行季报、专项分析报告。专项分析报告包括但不限于配电自动化运行分析报告、迎峰度夏运行分析报告、春节运行分析报告、业务指标分析报告、巡视维护分析报告、试验（测试）分析报告、缺陷与隐患分析报告、故障处理分析报告、电压与无功分析报告等。

三、周期性运行分析要求

运行分析周报是总结本周运行情况，重点对本周突出运维问题集中展示，并对突出问题采取现场照片、统计表格及柱饼状图等形式指导下周工作重点。运行分析周报应包括但不限于配电网故障情况、故障分类情况、存在问题、下步改进措施四个方面。

运行分析月报是总结当月运行情况，重点对当月变电站动作情况、95598 故障工单及投诉情况、业务应用系统统计情况进行分析统计，对突出问题采取统计表格及柱饼状图等形式指导下月工作重点。运行分析月报应包括但不限于当月配电网故障情况、故障分类情况、95598 故障工单分布情况、95598 投诉情况、生产管理系统（PMS 系统）及地理信息系统（GIS 系统）等业务支撑系统应用情况、当月重点专项行动、存在问题、下步改进措施等。

运行分析季报是总结当季运行情况，重点对当季重复故障线路、95598 工作情况、季节性重点工作情况进行分析统计，对突出问题采取统计表格及柱饼状图等形式指导下季度工作重点。运行分析季报应包括但不限于当季配电网故障及重复故障情况、故障分类情况、95598 故障工单分布情况、95598 投诉情况、生产管理系统（PMS 系统）及地理信息系统（GIS 系统）等业务支撑系统应用情况、季度重点运行工作等。

运行分析年报是总结当年运行情况，重点对全年配电网设备规模、故障缺陷汇总分类、95598 工单总体情况、全年重点工作等进行总结分析，对突出问题采取统计表格及柱饼状图等形式指导下年度工作重点。运行分析年报应包括但不限于全年配电网故障缺陷情况、故障分类情况、95598 工单总体情况分析、生产管理系统（PMS 系统）及地理信息系统（GIS 系统）等业务支撑系统应用情况、当年重点运行工作等。

四、各类专项分析报告要求

配电网自动化运行分析报告，重点对辖区内自动化设备量变化及缺陷处理情况进行分析，具体应包括但不限于配电网自动化运行情况、配电网自动化缺陷情况、配电自动化终端设备运行情况、"做早操"工作情况、信息安全情况等。

迎峰度夏运行分析报告，重点对迎峰度夏期间负荷卡口、供电保障情况进行分析，应包括但不限于对辖区内供电分布及供电卡口情况进行分析，具体包括电网负荷情况、设备超过负荷情况、设备故障及非停情况、95598 工单受理情况、迎峰度夏主要措施、迎峰度夏暴露问题、下一步改进措施等。

春节运行分析报告，重点对春节期间优质服务情况、亮点工作情况进行分析，应包括但不限于配电网故障情况、95598 工单及投诉情况、暴露问题、整改措施、延伸工作（如"四零"活动竞赛、亮点工作）等。

生产业务应用情况分析报告，重点应对生产管理系统（PMS 系统）及地理信息系统（GIS 系统）等业务支撑系统内台账数据与现场一致性、营配台账贯通性等进行分析，分析异常数据形成原因，规范数据录入及维护的及时性、准确性、完整性、唯一性。

巡视维护分析报告，重点应对配电网巡视维护的管理及执行情况进行分析，包括但不限于巡视工作管理情况、巡视计划执行情况、巡视周期、巡视内容及巡视发现缺陷闭环管理情况等。

试验（测试）分析，应包括但不限于对通过配电自动化监测、智能配电变压器监测、红外测温、开关柜局部放电试验、电缆振荡波试验等手段收集的设备信息进行分析。

缺陷与隐患分析报告，重点对辖区内突出的缺陷与隐患进行集中统计分析，制定治理措施与整改要求，应包括但不限于高层小区低压竖井火灾隐患分析治理、配电网电缆通道清理等缺陷隐患分析治理工作。分析一是应对缺陷与隐患管理存在的问题和已发现缺陷与隐患的处理情况进行统计，分析是否存在设备质量、施工质量、运行维护缺失、管理漏洞等因素；二是应及时掌握缺陷与隐患的处理情况和产生原因，提出今后重点防控措施；三是通过缺陷和故障分析，找出配电网存在的问题和薄弱环节。

故障处理分析报告，重点从责任原因、技术原因两个角度对故障及处理情况进行汇总和分析，并根据分析结果，制定相应措施。应重点对 10kV（20kV）故障"一事一分析"，形成故障原因、故障元件、故障分类等汇总结果，并针对性地提出整改措施。

电压与无功分析报告，重点对电压及无功管理、电压合格情况及无功配置情况进行统计分析，报告应包括但不限于电压与无功管理工作情况、供电电压监测点动态调整情况、电压合格率情况、配电变压器功率因数、无功补偿装置配置情况等。

五、月度运行分析报告模板

××公司配电网××月运行分析

一、配电网基本情况

1. 辖区配电网规模

（1）辖区配电网规模。截至××月底，本单位配电线路××条，长度××km，其中架空线路长度××km，电缆线路长度××km；架空绝缘化率××%，电缆化率××%。配电变压器共计××台，容量××MVA，平均单个配电变压器容量××kVA/台，平均户均容量××kVA/户。开闭所××座，环网柜××座，柱上开关××台。

（2）本月新投运线路及设备情况。

（3）转供能力。

第三季度，本单位配电网满足 N–1 线路××条、N–1 通过率为××%。

2. 配电网运维情况

（1）巡视工作开展情况。包括但不限于巡视开展次数、涉及线路、站房、电缆通道等，录入 PMS 的巡视计划及巡视记录分别有××条次。巡视中红外测温、超声波局部放电检测、暂态地电波带电检测等开展情况。

（2）维护处缺。

1）本月开展情况。包括但不限于发现××处，录入 PMS 系统的有××处；其中一般缺陷××处，严重缺陷××处，危急缺陷××处，详细描述严重及危急缺陷。一般缺陷主要为：本月已处理缺陷××处（其中一般缺陷××处，严重缺陷××处，危急缺陷××处），未处理××处，未处理缺陷的处理计划。

2）运维中暴露的设备缺陷隐患。

（3）配电线路故障情况。××月本单位配电线路共计跳闸××条次，超月度管控计划××条次,其中速断动作××条次，过流动作××条次；重合不成功××条次，重合成功××条次，重合闸停用/无重合闸××条次。

1）故障分类概述。按照故障原因分类，其中设备本体故障××次（占比××%）、用户原因故障××次（占比××%）、外力因素××次（占比××%）、未发现明显故障××次（占比××%）、自然因素类故障××次（占比××%）。

2）故障分类分析。

3）典型故障案例［停电时户数大于××时户（大时户故障认定标准，下同），投诉考核，火灾，同类设备多次故障等，每月选一个］。

（4）故障工单。××月本单位共受理故障工单××笔，有效工单××笔，其中受理高压类工单××笔（同比××%），各类低压工单××笔（同比××%），是否都已处理完毕，是否存在超时工单。高压类工单主要为盖板（××笔）、××、××等，涉及××、××、××等××条线路，存在主要问题。低压工单主要为进表线（××笔）、××、××等，涉及××、××、××等××台区，存在主要问题。重复故障工单分析。

3. 运行指标

（1）供电可靠性（以云主站系统中数据为准）。根据可靠性计算规则统计，××月公司停电时户数为×××时户，已使用月度管控目标的××%，中压用户平均停电时间为××h/户。其中预安排停电涉及时户数×××时户，占停电总时户的××%；故障停电涉及时户数×××时户，占停电总时户的××%，其中发生超××时户的大时户故障××项。

（2）配电网运行。××月，公司全口径故障××次，同比下降××%。按故障类型分类，设备本体原因故障××次，（列举造成设备本体故障的三个主要子类型及占比）；用户原因故障（不含单一用户故障）××次；外力因素故障××次，（列举导致故障的三个主要外力因素及占比）；自然因素故障××次；以及其他故障原因及次数。

（3）电压合格率。××月本单位共有过负荷配电变压器××台次，涉及配电变压器××台（占比××%），具体描述现场核实及后续处理情况。

"低电压"配电变压器××台次，涉及配电变压器××台（占比××%），具体描述现场核实及后续处理情况。

三相不平衡配电变压器××台次，涉及配电变压器××台（占比××%），具体描述现场核实及后续处理情况。

"过电压"配电变压器××台次，涉及配电变压器××台（占比××%），具体描述现场核实及后续处理情况。

（4）数据治理情况。包括同源系统治理情况、同源电网一张图治理情况、分线线损情况、PMS3.0实用化情况、账卡物转资情况、专项图模治理情况。

（5）优质服务。××月本单位共受理运检类投诉××笔，其中一般投诉××笔，重要投诉××笔，严管投诉××笔。严管类投诉详情见表6-1。

表6-1　　　　　　　　　　严管类投诉详情

序号	单位	日期	工单号	故障地址	工单内容	备注
⋮						

投诉分类分析（可按投诉工单中的三级分类开展分析）及管控工作。

本月工作亮点。

二、不停电作业分析

略。

三、配电自动化建设应用情况

略。

四、重点工作开展情况

略。

五、工作中存在问题及措施

（1）配电网运维及隐患排查方面：略。

（2）不停电作业方面：略。

（3）配电自动化建设应用方面：略。

（4）其他：略。

六、下月重点工作计划

略。

第七章　配电网设备状态评价

配电网设备状态评价是一个重要的电力系统维护活动，它涉及对设备的运行数据和状态监测数据进行综合分析，以确定设备的当前状态并预测其未来的性能表现。

第一节　状态评价一般要求

运维单位应以现有配电设备数据为基础，采用各类信息化管理手段（如配电自动化系统、用电信息采集系统等），以及各类带电检（监）测（如红外检测、开关柜局部放电检测等）、停电试验手段，利用配电设备状态检修辅助决策系统开展设备状态评价，掌握设备发生故障之前的异常征兆与劣化信息，事前采取针对性措施控制，防止故障发生，减少故障停运时间与停运损失，提高设备利用率，并进一步指导优化配电网运维、检修工作。运维单位应积极开展配电设备状态评价工作，配备必要的仪器设备，实行专人负责。设备应自投入运行之日起纳入状态评价工作。

第二节　状态信息收集

一、状态信息收集一般要求

状态信息收集应坚持准确性、全面性与时效性的原则，各相关专业部门应根据运维单位需要及时提供信息资料。信息收集应通过内部、外部多种渠道获得，如通过现场巡视、现场检测（试验）、业扩报装、信息系统、95598、市政规划建设等获取配电设备的运行情况与外部运行环境等信息。运维单位应制定定期收集配电网运行信息的方法，对于收集的信息，运维单位应进行初步的分类、分析判断与处理，为开展状态评价提供正确依据。

二、状态信息收集内容

状态信息收集包括投运前信息、运行信息、检修试验信息、家族缺陷信息。

投运前信息主要包括设备台账、招标技术规范、出厂试验报告、交接试验报告、安装验收记录、新（扩）建工程有关图纸等纸质和电子版资料。

运行信息主要包括设备巡视、维护、单相接地、故障跳闸、缺陷记录，在线监测和带电检测数据，以及不良工况信息等。

检修试验信息主要包括例行试验报告、诊断性试验报告、专业化巡检记录、缺陷消除记录及检修报告等。

家族缺陷信息指经国家电网有限公司或各省（区、市）公司认定的同厂家、同型号、同批次设备（含主要元器件）由于设计、材质、工艺等共性因素导致缺陷的信息。

第三节 状 态 评 价 要 求

一、状态评价范围及周期

状态评价范围应包括架空线路、电力电缆线路、电缆分支箱、柱上设备、开关柜、配电柜、配电变压器、配电终端、建（构）筑物及外壳等设备、设施。状态评价包括定期评价和动态评价。定期评价特别重要设备 1 年一次，重要设备 1～2 年一次，一般设备 1～3 年一次，定期评价每年 8 月底前完成。设备动态包括运行动态评价、缺陷评价、不良工况评价、检修评价和特殊时期专项评价，设备动态评价应根据设备状况、运行工况、环境条件等因素适时开展。

设备动态评价工作时限：新设备投运后首次状态评价应在 1 个月内组织开展，并在 3 个月内完成；故障修复后设备状态评价应在 1 周内完成；缺陷评价随缺陷处理流程完成。家族缺陷评价在上级家族缺陷发布后 2 周内完成；不良工况评价在设备经受不良工况后 1 周内完成；特殊时期专项评价应在开始前 1～2 个月内完成。利用配电设备状态检修辅助决策系统，在设备状态量可实现自动采集的情况下，设备状态评价可实时进行，即每个状态量变化时，系统自动完成设备状态的更新。

二、状态评价结果类型

状态评价资料、评价原则、单元评价方法、整体评价方法及处理原则按照

Q/GDW 645—2011《配网设备状态评价导则》执行。当线路中的所有部件状态评价为正常状态，则该条线路状态评价为正常状态。当任一部件状态评价为注意状态、异常状态或严重状态时，该线路状态评价为其中最严重的状态。

1. 正常状态

设备运行数据稳定，所有状态量符合标准，状态评价分值：85 分以上至 100 分。

2. 注意状态

设备的几个状态量不符合标准，但不影响设备运行，状态评价分值：75 分以上至 85 分。

3. 异常状态

设备的几个状态量明显异常，已影响设备的性能指标或可能发展成严重状态，设备仍能继续运行，状态评价分值：60 分以上至 75 分。

4. 严重状态

设备状态量严重超出标准或严重异常，设备只能短期运行或需要立即停役，状态评价分值：60 分及以下。

第四节 主要设备单元评价方法

一、架空线路单元

1. 评价标准

架空线路单元状态评价以线路单元为单位，包括架空线路的杆塔（基础）、导线、绝缘子、铁件和金具、拉线、通道、接地装置及附件等部件。各部件的范围划分见表 7-1。

表 7-1　　　　　　　　　架空线路单元各部件的范围划分

线路部件	评价范围
杆塔（基础）P1	混凝土杆、铁塔、钢管杆的本体、基础、低压同杆
导线 P2	裸导线、绝缘线
绝缘子 P3	盘形悬式绝缘子、针式绝缘子、棒式绝缘子、双头瓷拉棒、拉线绝缘子等

续表

线路部件	评价范围
铁件、金具 P4	横担、线夹、接地环装置等
拉线 P5	钢绞线、拉线金具、拉线基础
通道 P6	通道内线路交叉跨越情况、对地距离、水平距离情况等
接地装置 P7	接地引下线、接地网
附件 P8	标识、故障指示器等

各部件的评价内容见表 7-2。

表 7-2 架空线路单元状态评价内容

部件 ＼ 评价内容	绝缘性能	温度	机械特性	外观	负荷情况	接地电阻	电气距离
杆塔（基础）P1			√	√			
导线 P2		√	√	√	√		√
绝缘子 P3	√		√	√			
铁件、金具 P4		√	√	√			
拉线 P5			√	√			√
通道 P6				√			
接地装置 P7				√		√	
附件 P8				√			

各评价内容包含的状态量见表 7-3。

表 7-3 架空线路单元评价内容包含的状态量

部件	状态量
杆塔（基础）P1	机械特性（埋深）、外观（倾斜度、裂纹、锈蚀、防护、沉降、低压同杆）
导线 P2	温度、机械特性（断股）、外观（弧垂、散股、绝缘破损、异物、锈蚀）、负载、电气距离（电气距离、交跨距离、水平距离）
绝缘子 P3	绝缘性能（污秽）、机械特性（固定）、外观（破损）
铁件、金具 P4	温度、机械特性（紧固）、外观（锈蚀、弯曲度、附件完整度）
拉线 P5	机械特性（埋深）、外观（锈蚀、防护、沉降、松紧）、电气距离（交跨距离）
通道 P6	外观（保护距离）
接地装置 P7	外观（接地引下线外观）、接地电阻
附件 P8	外观（标识齐全、故障指示器等安装）

架空线路单元的状态量以巡检、例行试验、家族缺陷、运行信息等方式获取。

架空线路单元状态评价以量化的方式进行，各部件起评分为 100 分，各部件的最大扣分值为 100 分，各部件得分权重见表 7-4。架空线路单元的状态量和最大扣分值见表 7-5。评价标准见表 7-6。

表 7-4　　　　　　　　　　　　架空线路单元各部件得分权重

部件	杆塔（基础）	导线	绝缘子	铁件、金具	拉线	通道	接地装置	附件
部件代号	P1	P2	P3	P4	P5	P6	P7	P8
权重代号 K_p	K_1	K_2	K_3	K_4	K_5	K_6	K_7	K_8
权重	0.15	0.1	0.1	0.1	0.15	0.2	0.05	0.15

表 7-5　　　　　　　　　　架空线路单元的状态量和最大扣分值

序号	状态量名称	部件代号	最大扣分值
1	埋深	P1/P5	40
2	倾斜度	P1	40
3	裂纹	P1	40
4	塔材、金具、铁件锈蚀	P1/P4	30
5	防护	P1/P5	20
6	沉降	P1/P5	40
7	低压同杆	P1	40
8	弧垂	P2	20
9	断股	P2	40
10	散股	P2	25
11	绝缘破损	P2	20
12	温度	P2	40
13	负载	P2	40
14	导线锈蚀	P2	40
15	异物	P2	40
16	电气距离	P2/P5	40
17	交跨距离	P2	40
18	水平距离	P2	40
19	污秽	P3	40
20	破损	P3	40
21	固定	P3	40
22	温度	P4	40
23	紧固	P4	40
24	弯曲度	P4	40
25	附件完整度	P4	40
26	拉线锈蚀	P5	40
27	拉线松紧	P5	40
28	保护距离	P6	40
29	接地引下线外观	P7	40
30	接地电阻	P7	30
31	标识齐全	P8	30
32	故障指示器等安装	P8	30

表 7-6 　　　　　　　　　　　　　　**架空线路状态评价评分表**

设备命名：　　　　　　　　　　设备型号：　　　　　　　　　　生产日期：

出厂编号：　　　　　　　　　　投运日期：

序号	部件	状态量	标准要求	评分标准	扣分
1	杆塔（P1）	埋深	1）单回路混凝土杆埋深：8m 杆 1.5m，9m 杆 1.6m，10m 杆 1.7m，12m 杆 1.9m，13m 杆 2.0m，15m 杆 2.3m，18m 杆 2.5m； 2）双回路及其他：符合设计要求	埋深不足 98%，扣 10 分； 埋深不足 95%，扣 20 分； 埋深不足 80%，扣 30 分； 埋深不足 65%，扣 40 分	
2		倾斜度	1）倾斜度（包括挠度）<1.5%； 2）铁塔倾斜度<0.5%（适用于 50m 及以上高度铁塔）或<1.0%（适用于 50m 以下高度铁塔）； 3）钢管塔挠度符合设计值	轻微倾斜（不影响安全运行），不扣分； 轻度倾斜，扣 20 分； 中度倾斜，扣 30 分； 严重倾斜，扣 40 分	
3		裂纹	不应有纵向裂纹，横向裂纹的宽度不应超过 0.5mm，长度不应超过周长的 1/3	轻微裂纹（不影响安全运行），扣 10 分； 轻度裂纹，扣 20 分； 中度裂纹，扣 30 分； 严重裂纹（有纵向裂纹或横向裂纹的宽度超过 0.5mm，长度超过周长的 1/3），扣 40 分	
4		锈蚀	塔材镀锌层无脱落、开裂，塔材无锈蚀	轻微锈蚀，不扣分； 中度锈蚀，扣 20 分； 严重锈蚀，扣 30 分	
5		防护	道路边的杆塔应设防护设施	防护设施设置不规范，扣 10 分； 应该设防护设施而未设置，扣 20 分	
6		沉降	基面平整、基础周围的土壤无突起或沉降、位移。杆塔、基础无沉降	轻微沉降（5～15cm），扣 5～25 分； 明显沉降（15～25cm），扣 25～40 分； 严重沉降（25cm 以上），扣 40 分	
7		低压同杆	高低压线路需同一电源，弱电线路应经批准后搭挂	同杆低压线路与高压不同电源，扣 40 分； 弱电线路未经批准搭挂，扣 20 分	
$m_1=$ 　　　　　; $K_P=$ 　　　　　; $K_r=$ 　　　　　; $M_1=m_1\times K_P\times K_r=$ 　　　　　; 部件评价					
8	导线（P2）	弧垂	满足设计、运行要求	轻微松弛（105%～110%设计值），扣 5 分； 明显松弛（110%～120%设计值），扣 15 分； 严重松弛（120%以上设计值），扣 20 分； 若过紧（95%设计值以下），扣 20 分	
9		断股	导线应无断股，7 股导线中的任一股损伤深度不得超过该股导线的 1/2，19 股以上导线某处的损伤不得超过三股	1）7 股导线中 1 股、19 股导线中 3～4 股、35～37 股导线中 5～6 股损伤深度超过该股导线的 1/2；绝缘导线线芯在同一截面内损伤面积达到线芯导电部分截面的 10～17%，扣 25 分；	

续表

序号	部件	状态量	标准要求	评分标准	扣分
9	导线（P2）	断股	导线应无断股，7 股导线中的任一股损伤深度不得超过该股导线的 1/2，19 股以上导线某处的损伤不得超过三股	2）7 股导线中 2 股、19 股导线中 5 股、35～37 股导线中 7 股损伤深度超过该股导线的 1/2；钢芯铝绞线钢芯断 1 股者；绝缘导线线芯在同一截面内损伤面积超过线芯导电部分截面的 17%，扣 40 分； 3）其他情况视实际情况酌情扣分	
10		散股	无散股、灯笼现象	出现散股、灯笼现象，扣 15 分； 出现 3 处及以上散股，扣 25 分	
11		绝缘破损	绝缘导线绝缘层良好	不符合标准视实际情况酌情扣分，最大扣分扣 20 分	
12		温度	1）相间温度差小于 10K。 2）触头温度小于 75℃	 温度＞75℃，扣 10 分；＞80℃，扣 20 分；＞90℃，扣 40 分。合计取两项扣分中的较大值	
13		锈蚀	无锈蚀	轻微锈蚀，不扣分； 中度锈蚀，扣 20 分； 严重锈蚀，扣 30 分	
14		异物	导线上无异物	小异物不会影响安全运行的，扣 15 分；大异物将会引起相间短路等故障的，扣 40 分	
15		电气距离	符合《配电网运行规程》规定	不符合标准视实际情况酌情扣分，最大扣分 40 分	
16		负载	一般情况下不能超负荷运行	长期达到 80%～85%，扣 10 分； 85%～90%，扣 20 分； 90%～100%，扣 30 分； 100%以上，扣 40 分	
17		交跨距离	符合《配电网运行规程》规定	一处不合格扣 40 分	
18		水平距离	符合《配电网运行规程》规定	一处不合格扣 40 分	
$m_2=$; $K_P=$; $K_r=$; $M_2=m_2 \times K_P \times K_r=$; 部件评价：					
19	绝缘子（P3）	污秽	外观清洁	污秽较严重，扣 20 分； 污秽严重，雾天（阴雨天）有明显放电，扣 30 分； 有严重放电，扣 40 分	

序号	部件	状态量	标准要求	评分标准	扣分
20	绝缘子（P3）	破损	无裂缝，釉面剥落面积不应大于 $100mm^2$	釉面剥落面积小于 $100mm^2$，扣 5～30 分； 有裂缝，釉面剥落面积大于 $100mm^2$，扣 40 分	
21		固定	牢固	轻微倾斜（不影响安全运行），不扣分； 轻度倾斜，扣 20 分； 中度倾斜，扣 30 分； 严重倾斜，扣 40 分	
$m_3=$; $K_P=$; $K_r=$; $M_3=m_3 \times K_P \times K_r=$; 部件评价：					
22	铁件、金具（P4）	电气连接温度	1）相间温度差小于 10K。 2）触头温度小于 75℃	 温度>75℃，扣 10 分； >80℃，扣 20 分； >90℃，扣 40 分； 合计取两项扣分中的较大值	
23		紧固	安装牢固、可靠	不符合标准视实际情况酌情扣分，最大扣分 40 分	
24		锈蚀	铁件和金具锈蚀时不应起皮和严重麻点，锈蚀面积不应超过 1/2	轻度锈蚀，不扣分； 中度锈蚀，扣 20 分； 严重锈蚀，扣 30 分	
25		弯曲度	横担上下倾斜，左右偏歪不应大于横担长度的 2%。无明显变形	横担上下倾斜，左右偏歪不足横担长度的 2%，扣 5～20 分； 横担上下倾斜，左右偏歪大于横担长度的 2%，严重变形，扣 25～40 分	
26		附件完整度	完整无缺	连接金具的保险销子脱落、连接金具球头锈蚀严重、弹簧销脱出或生锈失效、挂环断裂；金具串钉移位、脱出、挂环断裂、变形等，扣 40 分； 其他情况视实际情况酌情扣分	
$m_4=$; $K_P=$; $K_r=$; $M_4=m_4 \times K_P \times K_r=$; 部件评价：					
27	拉线（P5）	锈蚀	无锈蚀	轻微锈蚀，不扣分； 中度锈蚀，扣 20 分； 严重锈蚀，扣 30 分	
28		松紧	无松弛	轻微松弛未发生杆子倾斜，扣 10 分； 中度松弛，扣 20 分； 明显松弛，杆子倾斜，扣 40 分	

续表

序号	部件	状态量	标准要求	评分标准	扣分
29	拉线（P5）	埋深	符合设计要求	埋深不足98%，扣10分；埋深不足95%，扣20分；埋深不足80%，扣30分；埋深不足65%，扣40分	
30		沉降	无异常	轻微沉降（5~15cm），扣5~25分；明显沉降（15~25cm），扣25~40分；严重沉降（25cm以上）扣40分	
31		防护	道路边的拉线应设防护设施（护坡、反光管、拉线绝缘子）	防护设施设置不标准，扣10分；该设防护设施而未设置，扣20分	
32		交跨距离	水平拉线对地距离应满足运行规程要求	不满足要求扣40分	
$m_5=$ ；$K_P=$ ；$K_r=$ ；$M_5=m_5 \times K_P \times K_r=$ ；部件评价：					
33	通道（P6）	保护距离	线路通道保护区内无违章建筑、堆积物	不符合每处扣20分。用户责任引起的距离不足，已发用户通知书视实际情况酌情扣分	
$m_6=$ ；$K_P=$ ；$K_r=$ ；$M_6=m_6 \times K_P \times K_r=$ ；部件评价：					
34	接地装置（P7）	接地引下线外观	连接牢固，接地良好。引下线截面积不得小于25mm²铜芯线或镀锌钢绞线，35mm²钢芯铝绞线。接地棒直径不得小于ϕ12mm的圆钢或40×4的扁钢。埋深耕地不小于0.8m，非耕地不小于0.6m	1）无明显接地，扣15分；连接松动、接地不良，扣25分；出现断开、断裂、断裂，扣40分；2）引下线截面积不满足要求扣30分；3）接地引线轻微锈蚀［小于截面直径（厚度）10%］，扣10分；中度锈蚀［大于截面直径（厚度）10%］，扣15分；较严重锈蚀［大于截面直径（厚度）20%］，扣30分；严重锈蚀［大于截面直径（厚度）30%］，扣40分；4）埋深不足，扣20分	
35		接地电阻	接地电阻符合按DL/T 5220—2021《10kV及以下架空配电线路设计技术规程》规定	不符合扣30分	
$m_7=$ ；$K_P=$ ；$K_r=$ ；$M_7=m_7 \times K_P \times K_r=$ ；部件评价：					
36	附件（P8）	标识齐全	设备标识和警示标识齐全、准确、完好	1）安装高度达不到要求，扣5分；2）标识错误，扣30分；3）无标识或缺少标识，扣30分	
37		故障指示器等安装	防鸟器、防雷金具、故障指示器安装牢靠，满足安全要求	影响安全运行扣30分，其余酌情扣分	
$m_8=$ ；$K_P=$ ；$K_r=$ ；$M_8=m_g \times K_P \times K_r=$ ；部件评价：					

整体评价结果：

续表

序号	部件	状态量	标准要求	评分标准	扣分
评价得分：$M=\sum[K_P \times M_P(P=1,2,3,4,5,6,7,8)]$ $(K_1=0.15, K_2=0.1, K_3=0.1, K_4=0.1, K_5=0.15, K_6=0.2, K_7=0.05, Kg=0.15)$					
评价状态： □正常　　　□注意　　　□异常　　　□严重					
注意、异常及严重设备原因分析（所有 15 分及以上的扣分项均在此栏中反映）： 					
处理建议： 					
评价：				审核：	

2. 评价结果

（1）部件得分。

某一部件的最后得分 $M_P(P=1,8)=m_P(P=1,8) \times K_P \times K_r$。

某一部件的基础得分 $m_P(P=1,8)=100-$相应部件状态量中的最大扣分值。对存在家族缺陷的部件，取家族缺陷系数 $K_P=0.95$，无家族缺陷的部件 $K_P=1$。寿命系数 $K_r=(100-$运行年数$\times 0.3)/100$。

（2）某类部件得分：某类部件都在正常状态时，该类部件得分取算数平均值；有一个及以上部件得分在正常状态以下时，该类部件得分与最低的部件一致。

各部件的评价结果按量化分值的大小分为"正常状态""注意状态""异常状态"和"严重状态"四个状态。分值与状态的关系见表 7-7。

表 7-7　　　　　　　　架空线路部件评价分值与状态的关系

部件	85~100/分	75~85（含）/分	60~75（含）/分	60（含）以下/分
杆塔（基础）	正常状态	注意状态	异常状态	严重状态
导线	正常状态	注意状态	异常状态	严重状态
绝缘子	正常状态	注意状态	异常状态	严重状态
铁件、金具	正常状态	注意状态	异常状态	严重状态
拉线	正常状态	注意状态	异常状态	严重状态
通道	正常状态	注意状态	异常状态	严重状态
接地装置	正常状态	注意状态	异常状态	严重状态
附件	正常状态	注意状态	异常状态	

（3）架空线路单元得分：所有类部件的得分都在正常状态时，该架空线路单元的状态为正常状态，最后得分=$\sum(K_P \times M_P(P=1,8))$；有一类及以上部件得分在正常状态以下时，该架空线路单元的状态为最差类部件的状态，最后得分=$\min[M_P(P=1,8)]$。

二、柱上设备

1. 柱上真空断路器

（1）评价标准。柱上真空断路器状态评价以台为单元，包括套管、断路器本体、隔离开关、操动机构、接地、标识及电压互感器等部件。各部件的范围划分见表 7-8。

表 7-8　　　　　　　　　柱上真空断路器各部件的范围划分

部件	评价范围
套管 P1	本体出线套管、外部连接
断路器本体 P2	真空断路器本体
隔离开关 P3	隔离开关
操动机构 P4	操动机构指示、连杆及拉环
接地 P5	接地引下线、接地体外观及接地电阻
标识 P6	各类设备标识、警示标识
电压互感器 P7	电压互感器

柱上真空断路器的评价内容分为绝缘性能、直流电阻、温度、机械特性、外观和接地电阻，具体评价内容详见表 7-9。

表 7-9　　　　　　　　　柱上真空断路器各部件的评价内容

评价内容 部件	绝缘性能	直流电阻	温度	机械特性	外观	接地电阻
套管 P1					√	
断路器本体 P2	√	√	√	√	√	
隔离开关 P3			√	√	√	
操动机构 P4				√	√	
接地 P5					√	√
标识 P6					√	
电压互感器 P7	√				√	

各评价内容包含的状态量见表 7-10。

表 7-10   柱上真空断路器评价内容包含的状态量

评价内容	状态量
绝缘性能	绝缘电阻
直流电阻	主回路直流电阻
温度	接头（触头）温度
机械特性	动作次数、正确性、卡涩程度
外观	完整、污秽、锈蚀、接地引下线外观、标识齐全、电压互感器外观
接地电阻	接地体的接地电阻

柱上真空断路器的状态量以巡检、例行试验、诊断性试验、家族缺陷、运行信息等方式获取。

柱上真空断路器状态评价以量化的方式进行，各部件起评分为 100 分，各部件的最大扣分值为 100 分。各部件得分权重详见表 7-11，真空断路器的状态量和最大扣分值见表 7-12，评分标准见表 7-13。

表 7-11   柱上真空断路器各部件得分权重

部件	套管	断路器本体	隔离开关	操动机构	接地	标识	电压互感器
部件代号	P1	P2	P3	P4	P5	P6	P7
权重代号 K_P	K_1	K_2	K_3	K_4	K_5	K_6	K_7
权重	0.2	0.2	0.2	0.2	0.05	0.05	0.1

表 7-12   柱上真空断路器的状态量和最大扣分值

序号	状态量名称	部件代号	最大扣分值
1	外观完整	P1/P3/P7	40
2	污秽	P1/P3	40
3	绝缘电阻	P2/P7	40
4	主回路直流电阻	P2	40
5	接头（触头）温度	P2/P3	40
6	动作次数	P2	20
7	锈蚀	P2/P4/P5	30
8	正确性	P4	40
9	卡涩程度	P3/P4	30
10	接地引下线外观	P5	40
11	标识齐全	P6	30
12	接地电阻	P5	30

表 7-13　　　　　　　　　　柱上真空断路器状态评价评分表

设备命名：　　　　　　　　　设备型号：　　　　　　　　生产日期：
出厂编号：　　　　　　　　　投运日期：

序号	部件	状态量	标准要求	评分标准	扣分
1	套管 P1	完整	无破损	略有破损、缺失，扣 10～20 分；有破损、缺失，扣 30 分；严重破损、缺失，扣 40 分	
2		污秽	外观清洁	污秽较严重，扣 20 分；污秽严重，雾天（阴雨天）有明显放电，扣 30 分；有严重放电扣 40 分	
$m_1=$ 　；$K_P=$ 　；$K_r=$ 　；$M_1=m_1×K_P×K_r=$ 　；部件评价：					
3	断路器本体 P2	绝缘电阻	20℃时绝缘电阻不低于 300MΩ	绝缘电阻折算到 20℃下，低于 500MΩ，扣 10 分；低于 400MΩ，扣 20 分；低于 300MΩ，扣 40 分	
4		主回路直流电阻	≤1.2 倍初值（注意值），要求测量电流≥100A	初值差≥5%，扣 5 分；初值差≥10%，扣 10 分；初值差≥20%，扣 20 分；初值差≥100%，扣 30 分	
5		接头（触头）温度	1）相间温度差小于 10K；2）触头温度小于 75℃	温度>75℃，扣 10 分；>80℃，扣 20 分；>90℃，扣 40 分。合计取两项扣分中的较大值	
6		开关动作次数	厂家允许跳闸（开断）次数	40%～60%，扣 10 分；60%～80%，扣 20 分；80%100%，扣 30 分；超过 100%，扣 40 分	
7		锈蚀	无锈蚀	轻微锈蚀，不扣分；中度锈蚀，扣 20 分；严重锈蚀，扣 30 分	
$m_2=$ 　；$K_P=$ 　；$K_r=$ 　；$M_2=m_2×K_P×K_r=$ 　；部件评价：					
8	隔离开关 P3	接头（触头）温度	1）相间温度差小于 10K；2）触头温度小于 75℃		

序号	部件	状态量	标准要求	评分标准	扣分
8	隔离开关 P3	接头（触头）温度	1）相间温度差小于 10k。 2）触头温度小于 75℃	温度＞75℃，扣 10 分； ＞80℃，扣 20 分； ＞90℃，扣 40 分； 合计取两项扣分中的较大值	
9		卡涩程度	连续操作无卡涩	轻微卡涩，扣 10 分； 严重卡涩，扣 30 分	
10		外观完整	无破损	略有破损、缺失，扣 10～20 分； 有破损、缺失，扣 30 分； 严重破损、缺失，扣 40 分	
11		污秽	外观清洁	污秽较严重，扣 20 分； 污秽严重，雾天（阴雨天）有明显放电，扣 30 分； 有严重放电，扣 40 分	
12		锈蚀	无锈蚀	轻微锈蚀，不扣分； 中度锈蚀，扣 20 分； 严重锈蚀，扣 30 分	
$m_3=$		；$K_P=$	；$K_r=$	；$M_3=m_3 \times K_P \times K_r=$	；部件评价：
13	操动机构 P4	正确性	连续操作 3 次指示和实际一致	1 次不正确，扣 20 分； 2～3 次不正确，扣 40 分	
14		卡涩程度	连续操作无卡涩	轻微卡涩，扣 10 分； 严重卡涩，扣 30 分	
15		锈蚀	无锈蚀	轻微锈蚀，不扣分； 中度锈蚀，扣 20 分； 严重锈蚀，扣 30 分	
$m_4=$		；$K_P=$	；$K_r=$	；$M_4=m_4 \times K_P \times K_r=$	；部件评价：
16	接地 P5	接地引下线外观	连接牢固，接地良好。引下线截面积不得小于 25mm² 铜芯线或镀锌钢绞线，35mm² 钢芯铝绞线。接地棒直径不得小于 ϕ12mm 的圆钢或 40×4 的扁钢。埋深耕地不小于 0.8m，非耕地不小于 0.6m	1）无明显接地，扣 15 分；连接松动、接地不良，扣 25 分；出现断开、断裂、断裂，扣 40 分。 2）引下线截面积不满足要求，扣 30 分。 3）接地引线轻微锈蚀［小于截面直径（厚度）10%］，扣 10 分；中度锈蚀［大于截面直径（厚度）10%］，扣 15 分；较严重锈蚀［大于截面直径（厚度）20%］，扣 30 分；严重锈蚀［大于截面直径（厚度）30%］，扣 40 分。 4）埋深不足，扣 20 分	
17		接地电阻	接地电阻不大于 10Ω	不符合扣 30 分	
$m_5=$		；$K_P=$	；$K_r=$	；$M_5=m_5 \times K_P \times K_r=$	；部件评价：

续表

序号	部件	状态量	标准要求	评分标准	扣分
18	标识 P6	标识齐全	设备标识和警示标识齐全、准确、完好	1）安装高度达不到要求，扣 5 分。 2）标识错误，扣 30 分。 3）无标识或缺少标识，扣 30 分	
$m_6=$ ；$K_P=$ ；$K_r=$ ；$M_6=m_6×K_P×K_r=$ ；部件评价：					
19	电压互感器 P7	绝缘电阻	20℃时一次绝缘电阻不低于 1000MΩ，二次不低于 10MS	绝缘电阻不合格，扣 40 分	
20		外观完整	无破损	略有破损、缺失，扣 10~20 分； 有破损、缺失，扣 30 分； 严重破损、缺失，扣 40 分	
$m_7=$ ；$K_P=$ ；$K_r=$ ；$M_7=m_7×K_P×K_r=$ ；部件评价：					

整体评价结果：

评价得分：$M=\sum[K_P×M_P(P=1,2,3,4,5,6,7)]$
$(K_1=0.2,K_2=0.2,K_3=0.2,K_4=0.2,K_5=0.05,K_6=0.05,K_7=0.1)$

评价状态：
□正常　　□注意　　□异常　　□严重

注意、异常及严重设备原因分析（所有 15 分及以上的扣分项均在此栏中反映）：

处理建议：

评价：	审核：

（2）评价结果。

1）部件评价。某一部件的最后得分 $M_P(P=1,7)=m_P(P=1,7)×K_p×K_r$。

某一部件的基础得分 $m_P(P=1,7)=100-$相应部件状态量中的最大扣分值。对存在家族缺陷的部件，取家族缺陷系数 $K_P=0.95$，无家族缺陷的部件 $K_P=1$。寿命系数 $K_r=(100-设备运行年数×0.5)/100$。

各部件的评价结果按量化分值的大小分为"正常状态""注意状态""异常状态"和"严重状态"四个状态。分值与状态的关系见表 7-14。

表 7-14　　　　　　柱上真空断路器部件评价分值与状态的关系

部件	85~100/分	75~85（含）/分	60~75（含）/分	60（含）以下/分
套管	正常状态	注意状态	异常状态	严重状态
断路器本体	正常状态	注意状态	异常状态	严重状态
隔离开关	正常状态	注意状态	异常状态	严重状态
操动机构	正常状态	注意状态	异常状态	严重状态
接地	正常状态	注意状态	异常状态	严重状态
标识	正常状态	注意状态	异常状态	严重状态
电压互感器	正常状态	注意状态	异常状态	严重状态

2）整体评价。当所有部件的得分在正常状态时，该柱上真空断路器的状态为正常状态，最后得分=$\sum[K_P \times M_P(P=1,7)]$；一个及以上部件得分在正常状态以下时，该柱上真空断路器的状态为最差部件的状态，最后得分=$\min[M_P(P=1,7)]$。

2.　柱上 SF_6 断路器

（1）评价标准。柱上 SF_6 断路器状态评价以台为单位，包括套管、断路器本体、隔离开关、操动机构、接地、标识及电压互感器等部件。各部件的范围划分见表 7-15。

表 7-15　　　　　　柱上 SF_6 断路器各部件的范围划分

部件	评价范围
套管 P1	本体出线套管、外部连接
断路器本体 P2	SF_6 断路器本体
隔离开关 P3	隔离开关
操动机构 P4	操动机构指示、连杆及拉环
接地 P5	接地引下线外观、接地电阻
标识 P6	各类设备标识、警示标识
电压互感器 P7	电压互感器

柱上 SF_6 断路器的评价内容分为绝缘性能、直流电阻、温度、机械特性、外观和接地电阻，具体评价内容见表 7-16。

表 7-16　　　　　　柱上 SF_6 断路器各部件的评价内容

部件 ＼ 评价内容	绝缘性能	直流电阻	温度	机械特性	外观	接地电阻
套管 P1			√		√	
断路器本体 P2	√	√		√	√	
隔离开关 P3			√	√	√	
操动机构 P4				√	√	
接地 P5					√	√
标识 P6					√	
电压互感器 P7	√				√	

各评价内容包含的状态量见表 7-17。

表 7-17　　　　　柱上 SF₆ 断路器评价内容包含的状态量

评价内容	状态量
绝缘性能	绝缘电阻
直流电阻	主回路直流电阻
温度	接头（触头）温度
机械特性	动作次数、正确性、卡涩程度、低气压闭锁
外观	完整、污秽、锈蚀、标识齐全、SF₆仪表指示、接地引下线外观、电压互感器外观
接地电阻	接地电阻

柱上 SF₆ 断路器的状态量以巡检、例行试验、诊断性试验、家族缺陷、运行信息等方式获取。

柱上 SF₆ 断路器状态评价以量化的方式进行，各部件起评分为 100 分，各部件的最大扣分值为 100 分。各部件得分权重详见表 7-18。SF₆ 断路器的状态量和最大扣分值见表 7-19。评分标准见表 7-20。

表 7-18　　　　　　　柱上 SF₆ 断路器各部件权重

部件	套管	断路器本体	隔离开关	操动机构	接地	标识	电压互感器
部件代号	P1	P2	P3	P4	P5	P6	P7
权重代号 K_P	K_1	K_2	K_3	K_4	K_5	K_6	K_7
权重	0.2	0.2	0.2	0.2	0.05	0.05	0.1

表 7-19　　　　　柱上 SF₆ 断路器的状态量和最大扣分值

序号	状态量名称	部件代号	最大扣分值
1	外观完整	P1/P3/P7	40
2	污秽	P1/P3	40
3	绝缘电阻	P2/P7	40
4	主回路直流电阻	P2	40
5	接头（触头）温度	P2/P3	40
6	动作次数	P2	20
7	锈蚀	P2/P4/P5	30
8	SF₆仪表指示	P2	40
9	正确性	P4	40
10	卡涩程度	P3/P4	30
11	接地引下线外观	P5	40
12	标识齐全	P6	30
13	接地电阻	P5	30

表 7-20   柱上 SF₆ 断路器状态评价评分表

设备命名：   设备型号：   生产日期：

出厂编号：   投运日期：

序号	部件	状态量	标准要求	评分标准	扣分
1	套管（支持绝缘子）P1	完整	无破损	略有破损、缺失，扣 10～20 分； 有破损、缺失，扣 30 分； 严重破损、缺失，扣 40 分	
2		污秽	外观清洁	污秽较严重，扣 20 分； 污秽严重，雾天（阴雨天）有明显放电，扣 30 分； 有严重放电，扣 40 分	
$m_1=$; $K_P=$; $K_r=$; $M_1=m_1 \times K_P \times K_r=$; 部件评价：					
3	断路器本体 P2	绝缘电阻	20℃时绝缘电阻不小于 300MΩ	绝缘电阻折算到 20℃下，低于 500MΩ，扣 10 分；低于 400MΩ，扣 20 分；低于 300MΩ，扣 40 分	
4		主回路直流电阻	≤1.2 倍初值（注意值），测量电流≥100A	初值差≥5%，扣 5 分； 初值差≥10%，扣 10 分； 初值差≥20%，扣 20 分； 初值差≥100% 扣 30 分	
5		接头（触头）温度	1）相间温度差小于 10K。 2）触头温度小于 75℃	 温度>75℃，扣 10 分； >80℃，扣 20 分； >90℃，扣 40 分。 合计取两项扣分中的较大值	
6		开关动作次数	厂家允许跳闸（开断）次数	40%～60%，扣 10 分； 60%～80%，扣 20 分； 80%～100%，扣 30 分； 超过 100%，扣 40 分	
7		锈蚀	无锈蚀	轻微锈蚀，不扣分； 中度锈蚀，扣 20 分； 严重锈蚀，扣 30 分	
8		SF₆仪表指示	气压表指示在标准范围内	气压表在淡绿色（或黄色）范围扣 20 分；在红色区域扣 40 分	
$m_2=$; $K_P=$; $K_r=$; $M_2=m_2 \times K_P \times K_r=$; 部件评价：					

续表

序号	部件	状态量	标准要求	评分标准	扣分
9	隔离开关 P3	接头（触头）温度	1）相间温度差小于 10K。 2）触头温度小于 75℃	温度＞75℃，扣 10 分； ＞80℃，扣 20 分； ＞90℃，扣 40 分。 合计取两项扣分中的较大值	
10		卡涩程度	连续操作无卡涩	轻微卡涩，扣 10 分； 严重卡涩，扣 30 分	
11		外观完整	无破损	略有破损、缺失，扣 10～20 分； 有破损、缺失，扣 30 分； 严重破损、缺失，扣 40 分	
12		污秽	外观清洁	污秽较严重，扣 20 分； 污秽严重，雾天（阴雨天）有明显放电，扣 30 分； 有严重放电，扣 40 分	
13		锈蚀	无锈蚀	轻微锈蚀，不扣分； 中度锈蚀，扣 20 分； 严重锈蚀，扣 30 分	
$m_3=$ ；$K_P=$ ；$K_r=$ ；$M_3=m_3 \times K_P \times K_r=$ ；部件评价：					
14	操动机构 P4	正确性	连续操作 3 次指示和实际一致	1 次不正确，扣 20 分； 2～3 次不正确，扣 40 分	
15		卡涩程度	连续操作无卡涩	轻微卡涩，扣 10 分； 严重卡涩，扣 30 分	
16		锈蚀	无锈蚀	轻微锈蚀，不扣分； 中度锈蚀，扣 20 分； 严重锈蚀，扣 30 分	
$m_4=$ ；$K_P=$ ；$K_r=$ ；$M_4=m_4 \times K_P \times K_r=$ ；部件评价：					
17	接地 P5	接地引下线外观	连接牢固，接地良好。引下线截面不得小于 25mm² 铜芯线或镀锌钢绞线，35mm² 钢芯铝绞线。接地棒直径不得小于 ϕ12mm 的圆钢或 40×4 的扁钢。埋深耕地不小于 0.8m，非耕地不小于 0.6m	1）无明显接地扣 15 分；连接松动、接地不良扣 25 分；出现断开、断裂、断裂，扣 40 分。 2）引下线截面积不满足要求，扣 30 分。 3）接地引线轻微锈蚀［小于截面直径（厚度）10%］，扣 10 分；中度锈蚀［大于截面直径（厚度）10%］，扣 15 分；较严重锈蚀［大于截面直径（厚度）20%］，扣 30 分；严重锈蚀［大于截面直径（厚度）30%］，扣 40 分。 4）埋深不足扣 20 分	

续表

序号	部件	状态量	标准要求	评分标准	扣分
18	接地 P5	接地电阻	接地电阻不大于 10Ω	不符合扣 30 分	
$m_5=$; $K_P=$; $K_r=$; $M_5=m_5 \times K_P \times K_r=$; 部件评价：					
19	标识 P6	标识齐全	设备标识和警示标识齐全、准确、完好	1）安装高度达不到要求，扣 5 分。2）标识错误，扣 30 分。3）无标识或缺少标识，扣 30 分	
$m_6=$; $K_P=$; $K_r=$; $M_6=m_6 \times K_P \times K_r=$; 部件评价：					
20	电压互感器 P7	绝缘电阻	20℃时一次绝缘电阻不低于 1000MΩ，二次不低于 10MΩ	绝缘电阻不合格，扣 40 分	
21		外观完整	无破损	略有破损、缺失，扣 10～20 分；有破损、缺失，扣 30 分；严重破损、缺失，扣 40 分	
$m_7=$; $K_P=$; $K_r=$; $M_7=m_7 \times K_P \times K_r=$; 部件评价：					

整体评价结果：

评价得分：$M=\sum[K_P \times M_P (P=1, 2, 3, 4, 5, 6, 7)]$
($K_1=0.2$, $K_2=0.2$, $K_3=0.2$, $K_4=0.2$, $K_5=0.05$, $K_6=0.05$, $K_7=0.1$)

评价状态：
□正常　　□注意　　□异常　　□严重

注意、异常及严重设备原因分析（所有 15 分及以上的扣分项均在此栏中反映）：

处理建议：

评价：	审核：

（2）评价结果。

1）部件评价。

某一部件的最后得分 $M_P(P=1,7)=m_P(P=1,7) \times K_P \times K_r$。

某一部件的基础得分 $m_P(P=1,7)=100-$相应部件状态量中的最大扣分值。对存在家族缺陷的部件，取家族缺陷系数 $K_P=0.95$，无家族缺陷的部件 $K_P=1$。寿命系数 $K_r=(100-$设备运行年数×0.5$)/100$。各部件的评价结果按量化分值的大小分为"正常状态""注意状态""异常状态"和"严重状态"四个状态。分值与状态的关系见表 7-21。

表 7-21 柱上 SF₆ 断路器部件评价分值与状态的关系

部件	85~100/分	75~85（含）/分	60~75（含）/分	60（含）以下/分
套管	正常状态	注意状态	异常状态	严重状态
断路器本体	正常状态	注意状态	异常状态	严重状态
隔离开关	正常状态	注意状态	异常状态	严重状态
操动机构	正常状态	注意状态	异常状态	严重状态
接地	正常状态	注意状态	异常状态	严重状态
标识	正常状态	注意状态	异常状态	
电压互感器	正常状态	注意状态	异常状态	严重状态

2）整体评价。当所有部件的得分在正常状态时，该柱上 SF₆ 断路器的状态为正常状态，最后得分 $=\Sigma[K_P \times M_P（P=1,7）]$；一个及以上部件得分在正常状态以下时，该柱上 SF₆ 断路器的状态为最差部件状态，最后得分 $=\min[M_P(P=1,7)]$。

3. 柱上隔离开关

（1）评价标准。柱上隔离开关状态评价以台为单元，包括支持绝缘子、隔离开关本体、操动机构、接地及标识等部件。各部件的范围划分见表 7-22。

表 7-22 柱上隔离开关各部件的范围划分

部件	评价范围
支持绝缘子 P1	本体支持绝缘子、外部连接
隔离开关本体 P2	隔离开关本体
操动机构 P3	连杆及拉环
接地 P4	接地引下线外观、接地电阻
标识 P5	各类设备标识、警示标识

柱上隔离开关的评价内容分为绝缘性能、温度、机械特性、外观和接地电阻，具体评价内容详见表 7-23。

表 7-23 柱上隔离开关各部件的评价内容

部件＼评价内容	绝缘性能	温度	机械特性	外观	接地电阻
支持绝缘子 P1	√				
隔离开关本体 P2		√	√	√	
操动机构 P3				√	
接地 P4				√	√
标识 P5				√	

各评价内容包含的状态量见表 7-24。

表 7-24　　　　　　柱上隔离开关评价内容包含的状态量

评价内容	状态量
绝缘性能	污秽、完整
温度	接头（触头）温度
机械特性	卡涩程度
外观	锈蚀、接地引下线外观、标识齐全
接地电阻	接地电阻

柱上隔离开关的状态量以巡检、例行试验、诊断性试验、家族缺陷、运行信息等方式获取。

柱上隔离开关状态评价以量化的方式进行，各部件起评分为 100 分，各部件的最大扣分值为 100 分，权重表见表 7-25。柱上隔离开关的状态量和最大扣分值见表 7-26。评分标准见表 7-27。

表 7-25　　　　　　柱上隔离开关各部件权重

部件	支持绝缘子	隔离开关本体	操动机构	接地	标识
部件代号	P1	P2	P3	P4	P5
权重代号 K_P	K_1	K_2	K_3	K_4	K_5
权重	0.3	0.3	0.25	0.1	0.05

表 7-26　　　　　　柱上隔离开关的状态量和最大扣分值

序号	状态量名称	部件代号	最大扣分值
1	污秽	P1/P3	20
2	完整	P1	40
3	接头（触头）温度	P2	40
4	卡涩程度	P2/P3	30
5	锈蚀	P2/P3	30
6	接地引下线外观	P4	40
7	接地电阻	P4	30
8	标识齐全	P5	30

表 7-27　　　　　　柱上隔离开关状态评价评分表

设备命名：　　　　　　　　设备型号：　　　　　　　　生产日期：
出厂编号：　　　　　　　　投运日期：

序号	部件	状态量	标准要求	评分标准	扣分
1	支持绝缘子 P1	完整	无破损	略有破损、缺失，扣 10～20 分； 有破损、缺失，扣 30 分； 严重破损、缺失扣 40 分	

续表

序号	部件	状态量	标准要求	评分标准	扣分
2	支持绝缘子 P1	污秽	外观清洁	污秽较严重，扣 20 分； 污秽严重，雾天（阴雨天）有明显放电，扣 30 分； 有严重放电，扣 40 分	
$m_1=$; $K_P=$, ; $K_r=$; $M_1=m_1 \times K_P \times K_r=$; 部件评价：					
3	隔离开关本体 P2	接头（触头）温度	1）相间温度差小于 10K。 2）触头温度小于 75℃	 温度>75℃，扣 10 分； >80℃，扣 20 分； >90℃，扣 40 分。 合计取两项扣分中的较大值	
4		卡涩程度	连续操作无卡涩	轻微卡涩，扣 10 分； 严重卡涩，扣 30 分	
5		锈蚀	无锈蚀	轻微锈蚀，不扣分； 中度锈蚀，扣 20 分； 严重锈蚀，扣 30 分	
$m_2=$; $K_P=$; $K_r=$; $M_2=m_2 \times K_P \times K_r=$; 部件评价：					
6	操动机构 P3	锈蚀	无锈蚀	轻微锈蚀，不扣分； 中度锈蚀，扣 20 分； 严重锈蚀，扣 30 分	
$m_3=$; $K_P=$; $K_r=$; $M_3=m_3 \times K_P \times K_r=$; 部件评价：					
7	接地 P4	接地电阻	接地电阻不大于 10Ω	不符合扣 30 分	
8	接地 P4	接地引下线外观	连接牢固，接地良好。引下线截面积不得小于 25mm² 铜芯线或镀锌钢绞线，35mm² 钢芯铝绞线。接地棒直径不得小于 φ12mm 的圆钢或 40×4 的扁钢。埋深耕地不小于 0.8m，非耕地不小于 0.6m	1）无明显接地，扣 15 分；连接松动、接地不良，扣 25 分；出现断开、断裂、断裂，扣 40 分。 2）引下线截面积不满足要求扣 30 分。 3）接地引线轻微锈蚀 [小于截面直径（厚度）10%]，扣 10 分；中度锈蚀 [大于截面直径（厚度）10%]，扣 15 分；较严重锈蚀 [大于截面直径（厚度）20%]，扣 30 分；严重锈蚀 [大于截面直径（厚度）30%] 扣 40 分。 4）埋深不足，扣 20 分	
$m_4=$; $K_P=$; $K_r=$; $M_4=m_4 \times K_P \times K_r=$; 部件评价：					

图内容：纵轴为"扣分"，标度 10、20、25、30；横轴为"相间温度差(K)"，标度 0、10、20、30、40

续表

序号	部件	状态量	标准要求	评分标准	扣分
9	标识 P5	标识齐全	设备标识和警示标识齐全、准确、完好	1）安装高度达不到要求，扣 5 分。 2）标识错误，扣 30 分。 3）无标识或缺少标识，扣 30 分	

$m_5=$; $K_P=$; $K_r=$; $M_5=m_5\times K_P\times K_r=$; 部件评价：

整体评价结果：

评价得分： $M=\sum[K_P\times M_P(P=1,2,3,4,5)]$
$(K_1=0.3,K_2=0.3,K_3=0.25,K_4=0.1,K_5=0.05)$

评价状态：
□正常 　　□注意 　　□异常 　　□严重

注意、异常及严重设备原因分析（所有 15 分及以上的扣分项均在此栏中反映）：

处理建议：

评价：	审核：

（2）评价结果。

1）部件得分：

某一部件的最后得分 $M_P(P=1,5)=m_P(P=1,5)\times K_g\times K_r$。

某一部件的基础得分 $m_P(P=1,5)=100-$ 相应部件状态量中的最大扣分值。对存在家族缺陷的部件，取家族缺陷系数 $K_P=0.95$，无家族缺陷的部件 $K_P=1$。寿命系数 $K_r=(100-$ 运行年数 $\times0.5)/100$。

各部件的评价结果按量化分值的大小分为"正常状态""注意状态""异常状态"和"严重状态"四个状态。分值与状态的关系见表 7-28。

表 7-28　　　　　柱上隔离开关部件评价分值与状态的关系

部件	85~100/分	75~85（含）/分	60~75（含）/分	60（含）以下/分
支持绝缘子	正常状态	注意状态	异常状态	严重状态
隔离开关本体	正常状态	注意状态	异常状态	严重状态
操动机构	正常状态	注意状态	异常状态	
接地	正常状态	注意状态	异常状态	严重状态
标识	正常状态	注意状态	异常状态	

2）整体得分：所有部件的得分都在正常状态时，该柱上隔离开关单元的状态为正常状态，最后得分=$\sum[K_P \times M_P(P=1,5)]$；有一个及以上部件得分在正常状态以下时，该柱上隔离开关单元的状态为最差部件的状态，最后得分=$\min[M_P(P=1,5)]$。

4. 跌落式熔断器

（1）评价标准。跌落式熔断器状态评价以组为单元，包括本体及引线等部件。各部件的范围划分见表7-29。

表7-29　　　　　　　　　跌落式熔断器各部件的范围划分

部件	评价范围
本体及引线 P1	跌落式熔断器本体、上下引线

跌落式熔断器的评价内容分为绝缘性能、温度、机械特性和外观。评价内容详见表7-30。

表7-30　　　　　　　　　跌落式熔断器各部件的评价内容

部件 ＼ 评价内容	绝缘性能	温度	机械特性	外观
本体及引线 P1	√	√	√	√

各评价内容包含的状态量见表7-31。

表7-31　　　　　　　　　跌落式熔断器评价内容包含的状态量

评价内容	状态量
绝缘性能	完整、污秽
温度	接头（触头）温度
机械特性	操作稳定性、可靠性、故障跌落次数
外观	锈蚀

跌落式熔断器的状态量以巡检、家族缺陷、运行信息等方式获取。

跌落式熔断器状态评价以量化的方式进行，部件起评分为100分，最大扣分值为100分，权重见表7-32。跌落式熔断器的状态量和最大扣分值见表7-33。评分标准见表7-34。

表7-32　　　　　　　　　跌落式熔断器各部件权重

部件	本体及引线
部件代号	P1
权重代号 K_P	K_1
权重	1

表 7-33   跌落式熔断器的状态量和最大扣分值

序号	状态量名称	部件代号	最大扣分值
1	完整	P1	40
2	污秽	P1	40
3	接头（触头）温度	P1	40
4	故障跌落次数	P1	40
5	操作稳定性、可靠性	P1	40
6	锈蚀	P1	30

表 7-34   跌落式熔断器状态评价评分表

设备命名（安装位置）：   生产日期：
设备型号：   投运日期：

序号	部件	状态量	标准要求	评分标准	扣分
1	跌落式熔断器本体 P1	完整	无破损	略有破损、缺失，扣 10～20 分； 有破损、缺失，扣 30 分； 严重破损、缺失，扣 40 分	
2		污秽	外观清洁	污秽较严重，扣 20 分； 污秽严重，雾天（阴雨天）有明显放电，扣 30 分； 有严重放电，扣 40 分	
3		操动稳定性、可靠性	操作无弹动，可以正常操作	以往操作有弹动但能正常操作，扣 10 分； 以往操作有较强弹动但能正常操作，扣 20 分； 以往操作有剧烈弹动但能正常操作，扣 30 分； 以往操作有剧烈弹动已不能正常操作，扣 40 分	
4		接头（触头）温度	1）相间温度差小于 10K。 2）接头温度小于 75℃	 温度＞75℃，扣 10 分； ＞80℃，扣 20 分； ＞90℃，扣 40 分。合计取两项扣分中的较大值	
5		故障跌落次数	不超厂家规定值	超过扣 40 分	
6		锈蚀	无锈蚀	轻微锈蚀，不扣分； 中度锈蚀，扣 20 分； 严重锈蚀的，扣 30 分	

$m_1=$ ；$K_P=$ ；$K_r=$ ；$M_1=m_1 \times K_P \times K_r=$

整体评价结果：

续表

序号	部件	状态量	标准要求	评分标准	扣分
评价得分：$M{=}M$					
评价状态： □正常　　　□注意　　　□异常　　　□严重					
注意、异常及严重设备原因分析（所有 15 分及以上的扣分项均在此栏中反映）：					
处理建议：					
评价：				审核：	

（2）评价结果。

最后得分 $M_P{=}m_P{\times}K_g{\times}K_r$。

基础得分 $m_P(P{=}1){=}100{-}$ 状态量中的最大扣分值。对存在家族缺陷的，取家族缺陷系数 $K_P{=}0.95$，无家族缺陷的 $K_P{=}1$。寿命系数 $K_r{=}(100{-}$ 运行年数 ${\times}0.5)/100$。

评价结果按量化分值的大小分为"正常状态""注意状态""异常状态"和"严重状态"四个状态。分值与状态的关系见表 7-35。

表 7-35　　　　　跌落式熔断器评价分值与状态的关系

分值	85～100	75～85（含）	60～75（含）	60（含）以下
状态	正常状态	注意状态	异常状态	严重状态

三、配电变压器

1. 评价标准

配电变压器状态评价以台为单元，包括绕组及套管、分接开关、冷却系统、油箱、非电量保护、接地、绝缘油及标识等部件。各部件的范围划分见表 7-36。

表 7-36　　　　　配电变压器各部件的范围划分

部件	评价范围
绕组及套管 P1	高压绕组、低压绕组及出线套管、外部连接
分接开关 P2	无载分接开关
冷却系统 P3	风机、温控装置
油箱 P4	油箱（包括散热器）、储油柜、密封

续表

部件	评价范围
非电量保护 P5	气体继电器、压力释放阀、温度计
接地 P6	接地引下线、接地电阻
绝缘油 P7	油样
标识 P8	各类设备标识、警示标识

配电变压器的评价内容分为绝缘性能、直流电阻、温度、机械特性、外观（油位、呼吸器、硅胶、密封）、负荷情况、接地电阻、对地距离。具体的评价内容详见表 7-37。

表 7-37　　　　　　　配电变压器各部件的评价内容

评价内容 部件	绝缘性能	直流电阻	温度	机械特性	外观	负荷情况	接地电阻	对地距离
绕组及套管 P1	√	√	√		√	√		
分接开关 P2				√				
冷却系统 P3			√	√				
油箱 P4			√		√			√
非电量保护 P5	√							
接地 P6					√		√	
绝缘油 P7	√				√			
标识 P8					√			

各评价内容包含的状态量见表 7-38。

表 7-38　　　　　　　配电变压器评价内容包含的状态量

评价内容	状态量
绝缘性能	绕组及套管绝缘电阻、非电量保护装置绝缘电阻、绝缘油耐压
直流电阻	绕组直流电阻
温度	触头温度、油温度、干变器身温度、温控装置性能
机械特性	风机动作情况、分接开关动作情况
外观	标识齐全、油位、污秽、锈蚀、密封、呼吸器硅胶颜色、接地引下线外观、绝缘油颜色
负荷情况	负载率、三相不平衡率
接地电阻	接地电阻
对地距离	配电变压器台架对地安全距离

配电变压器的状态量以巡检、例行试验、诊断性试验、家族缺陷、运行信息等方式获取。

配电变压器状态评价以量化的方式进行，各部件起评分为 100 分，各部件的最大扣分值为 100 分，权重见表 7-39。配电变压器的状态量和最大扣分值见表 7-40。评分标准见表 7-41。

表 7-39　　　　　　　　　　　配电变压器各部件权重

油浸式变压器							
部件	绕组及套管	分接开关	冷却系统	油箱	非电量保护	接地	绝缘油	标识
部件代号	P1	P2		P4	P5	P6	P7	P8
权重代号 K_P	K_1	K_2		K_4	K_5	K_6	K_7	K_8
权重	0.3	0.10		0.10	0.10	0.10	0.20	0.10
干式变压器							
部件	绕组及套管	分接开关	冷却系统			接地		标识
部件代号	P1	P2	P3			P6		P8
权重代号 K_P	K_1	K_2	K_3			K_6		K_8
权重	0.40	0.10	0.30			0.10		0.10

表 7-40　　　　　　　　　　　配电变压器的状态量和最大扣分值

序号	状态量名称	部件代号	最大扣分值
1	绕组直流电阻	P1	40
2	绕组及套管绝缘电阻	P1	40
3	接头温度	Pl	40
4	负载率	P1	40
5	污秽、锈蚀	P1	40
6	套管外观	Pl	40
7	干变器身温度	P1	30
8	三相不平衡率	P1	20
9	分接开关性能	P2	15
10	温控装置性能	P3	40
11	风机运行情况	P3	40
12	配电变压器台架对地安全距离	P4	40
13	密封	P4	40
14	油位	P4	40
15	呼吸器硅胶颜色	P4	15
16	油温度	P4	25
17	非电量保护装置绝缘电阻	P5	30
18	接地引下线外观	P6	40
19	接地电阻	P6	30
20	绝缘油颜色	P7	10
21	交流耐压试验	P7	40
22	标识齐全	P8	30

表 7-41　　　　　　　　　配电变压器状态评价评分表

设备命名：　　　　　　　　设备型号：　　　　　　　　生产日期：
出厂编号：　　　　　　　　投运日期：

序号	部件	状态量	标准要求	评分标准	扣分
1	绕组及套管 P1	绕组直流电阻	绕组直流电阻测试： 1）1.6 MVA 以上变压器，各相绕组电阻相互间的差别不应大于三相平均值的 2%，无中性点引出的绕组，线间差别不应大于三相平均值的 1%； 2）1.6MVA 及以下的变压器，相间差别一般不大于三相平均值的 4%，线间差别一般不大于三相平均值的 2%	（1）1.6 MVA 以上的配电变压器： 1）相间直流电阻大于三相平均值的 2%，扣 40 分； 2）线间直流电阻大于三相平均值的 1%，扣 40 分。 （2）1.6 MVA 及以下的配电变压器： 1）相间直流电阻大于三相平均值的 4%，扣 40 分； 2）线间直流电阻大于三相平均值的 2%，扣 40 分	
2		绕组及套管绝缘电阻	绝缘电阻与初值相比不应有明显变化	与上次数据比较降低 10%，扣 5 分； 比较降低 20%，扣 15 分； 比较降低 30%，扣 30 分	
3		接头温度	1）相间温度差小于 10K。 2）触头温度小于 75℃	扣分 30 25 20 10 / 0 10 20 30 40 相间温度差(K) 温度＞75℃，扣 10 分； ＞80℃，扣 20 分； ＞90℃，扣 40 分。 合计取两项扣分中的较大值	
4		负载率	最大运行负载率	长期达到 80%～85%，扣 10 分； 85%～90%，扣 20 分； 90%～100% 扣 30 分； 100% 以上，扣 40 分	
5		污秽	满足设备运行的要求	1）户外变压器：污秽较严重，扣 20 分；污秽严重；雾天（阴雨天）有明显放电，扣 30 分；有严重放电，扣 40 分； 2）户内变压器污秽较严重，扣 20 分；有明显放电痕迹，扣 30 分；严重放电痕迹，扣 40 分	
6		完整	无破损	略有破损、缺失，扣 10～20 分； 有破损、缺失，扣 30 分； 严重破损、缺失，扣 40 分	
7		干变器身温度	厂家允许值	超出厂家允许值的 10%，扣 15 分； 超出厂家允许值的 20%，扣 30 分	

续表

序号	部件	状态量	标准要求	评分标准	扣分
8	绕组及套管 P1	三相不平衡率	YynO 接线三相不平衡率不大于 15%,零线电流不大于额定值 25%;Dynl1 接线三相不平衡率不大于 25%,中性线电流不大于额定值 40%	1)YynO 接线不平衡率为 15%~30%,扣 10 分,>30%,扣 20 分。中性线电流为额定值 25%~40%,扣 10 分;>40%扣 20 分;2)Dynl1 接线不平衡率为 25%~40%,扣 10 分;>40%,扣 20 分。中性线电流为额定值 40%~60%,扣 10 分;>60%扣 20 分	
$m_1=$	; $K_P=$	; $K_r=$	; $M_1=m_1 \times K_P \times K_r=$	; 部件评价:	
9	分接开关 P2	分接开关性能	操作无异常	无法操作、不满足要求,扣 15 分;其他情况视实际情况酌情扣分	
$m_2=$	; $K_P=$	; $K_r=$	; $M_2=m_2 \times K_P \times K_r=$	; 部件评价:	
10	冷却系统 P3	温控运行情况	温控运行正常	无法启动,扣 40 分;其他情况视实际情况酌情扣分	
11		风机运行情况	风机运行正常	无法启动,扣 40 分;其他情况视实际情况酌情扣分	
$m_3=$	; $K_P=$	; $K_r=$	; $M_3=m_3 \times K_P \times K_r=$	; 部件评价:	
12	油箱 P4	配电变压器台架对地距离	2.5m	不满足扣 40 分	
13		密封	无渗油	轻微渗油,扣 10 分;明显渗油,扣 20 分;严重渗油,扣 30 分;漏油(滴油),扣 40 分	
14		油位	无异常(无假油位现象)	油位表中显示少油,扣 15 分;油位表中无显示,扣 40 分	
15		呼吸器硅胶颜色	无变色情况	受潮全部变色,扣 15 分	
16		油温度	自冷配电变压器上层油温不宜经常超过 85℃,最高一般不得超过 95℃,制造厂有规定的可参照制造厂规定	>95℃,扣 25 分;温升超过 55K,扣 25 分;其他情况视实际情况酌情扣分	
$m_4=$	; $K_P=$	; $K_r=$	; $M_4=m_4 \times K_g \times K_r=$	; 部件评价:	
17	非电量保护 P5	非电量保护装置绝缘电阻	绝缘电阻不低于 1MΩ	不满足,扣 30 分;其他情况视实际情况酌情扣分	
$m_5=$	; $K_P=$	; $K_r=$	; $M_5=m_5 \times K_P \times K_r=$	; 部件评价:	
18	接地 P6	接地引下线外观	连接牢固,接地良好。引下线截面积不得小于 25mm² 铜芯线或镀锌钢绞线,35mm² 钢芯铝绞线。接地棒直径不得小于 φ12mm 的圆钢或 40×4 的扁钢。埋深耕地不小于 0.8m,非耕地不小于 0.6m	1)无明显接地,扣 15 分,连接松动、接地不良,扣 25 分,出现断开、断裂、断裂,扣 40 分;2)引下线截面积不满足要求,扣 30 分;	

续表

序号	部件	状态量	标准要求	评分标准	扣分
18	接地 P6	接地引下线外观		3）接地引线轻微锈蚀［小于截面直径（厚度）10%］，扣 10 分；中度锈蚀［大于截面直径（厚度）10%］，扣 15 分；较严重锈蚀［大于截面直径（厚度）20%］，扣 30 分，严重锈蚀［大于截面直径（厚度）30%］，扣 40 分； 4）埋深不足扣 20 分	
19		接地电阻	100kVA 以下接地电阻 10Ω，100kVA 及以上接地电阻 4Ω	不合格扣 30 分	
$m_6=$	; $K_P=$	; $K_r=$	; $M_6=m_6\times K_P\times K_r=$	; 部件评价：	
20	绝缘油 P7	绝缘油颜色	油样合格，颜色正常	颜色较深等其他情况视实际情况酌情扣 10 分	
21		耐压试验	不小于 25kV	耐压不合格，扣 40 分	
$m_7=$	; $K_P=$	; $K_r=$	; $M_7=m_7\times K_P\times K_r=$	; 部件评价：	
22	标识 P8	标识齐全	设备标识和警示标识齐全、准确、完好	1）安装高度达不到要求，扣 5 分； 2）标识错误，扣 30 分； 3）无标识或缺少标识，扣 30 分	
$m_8=$	; $K_P=$	; $K_r=$	; $M_8=m_8\times K_P\times K_r=$	; 部件评价：	

整体评价结果：

评价得分：$M=\sum[K_P\times M_P(P=1,2,3,4,5,6,7,8)]$
油浸式变压器：$[K_1=0.3,K_2=0.1,K_4=0.1,K_5=0.1,K_6=0.1,K_7=0.2,K_8=0.1]$
干式变压器：$[K_1=0.4,K_2=0.1,K_3=0.3,K_6=0.1,K_8=0.1]$

评价状态：
□正常　　□注意　　□异常　　□严重

注意、异常及严重设备原因分析（所有 15 分及以上的扣分项均在此栏中反映）：

处理建议：

评价人：	审核人：

2. 评价结果

（1）部件评价。

某一部件的最后得分 $M_P(P=1,8)=m_P(P=1,8)\times K_P\times K_r$。

某一部件的基础得分 $m_P(P=1,8)$=100−相应部件状态量中的最大扣分值。对存在家族缺陷的部件，取家族缺陷系数 K_P=0.95，无家族缺陷的部件 K_P=1。寿命系数 K_r=(100−设备运行年数×0.5)/100。

各部件的评价结果按量化分值的大小分为"正常状态""注意状态""异常状态"和"严重状态"四个状态。分值与状态的关系见表 7-42。

表 7-42　　　　　　　　配电变压器部件评价分值与状态的关系

部件	85~100	75~85（含）	60~75（含）	60（含）以下
绕组及套管	正常状态	注意状态	异常状态	严重状态
分接开关	正常状态	注意状态		
冷却系统	正常状态	注意状态	异常状态	严重状态
油箱	正常状态	注意状态	异常状态	严重状态
非电量保护系统	正常状态	注意状态	异常状态	
接地	正常状态	注意状态	异常状态	严重状态
绝缘油	正常状态	注意状态	异常状态	严重状态
标识	正常状态	注意状态	异常状态	

（2）整体评价。当所有部件的得分在正常状态时，该配电变压器的状态为正常状态，最后得分=$\sum[K_P \times M_P(P=1,8)]$；一个及以上部件得分在正常状态以下时，该配电变压器的状态为最差部件的状态，最后得分=$\min[M_P(P=1,8)]$。

四、开关柜

1. 评价标准

开关柜状态评价以间隔为单元，包括本体、附件、操动机构及控制回路、辅助部件，以及标识等部件。各部件的范围划分见表 7-43。

表 7-43　　　　　　　　开关柜各部件的范围划分

部件	评价范围
本体 P1	开关、隔离开关、熔断器、母线、绝缘子
附件 P2	TA、TV、避雷器、加热器、温湿度控制器、故障指示器
操动系统及控制回路 P3	操动弹簧机构、分合闸线圈、辅助开关、二次回路、端子
辅助部件 P4	带电指示、"五防"、压力表、二次仪表、接地
标识 P5	各类设备标识、警示标识

开关柜的评价内容分别为绝缘性能、载流能力、SF_6 气体、机械特性、接地电阻和外观，具体的评价内容详见表 7-44。

表 7-44   开关柜各部件的评价内容

评价内容 部件	绝缘性能	载流能力	SF₆气体	机械性能	接地电阻	外观
本体 P1	√	√	√			√
附件 P2	√					√
操动系统及控制回路 P3	√			√		
辅助部件 P4					√	√
标识 P5						√

各评价内容包含的状态量见表 7-45。

表 7-45   开关柜评价内容包含的状态量

评价内容	状态量
绝缘性能	绝缘电阻、凝露、放电声音
载流能力	主回路直流电阻、导电连接点的相对温差或温升
SF₆气体	SF₆气体泄漏
机械性能	联跳功能、分合闸操作、辅助开关投切状况、"五防"
接地电阻	接地电阻
外观	标识齐全、带电显示器、二次仪表、锈蚀、接地、接地引下线外观

开关柜的状态量以巡检、例行试验、诊断性试验、家族缺陷、运行信息等方式获取。

开关柜状态评价以量化的方式进行,各部件起评分为 100 分,最大扣分值为 100 分,权重见表 7-46。开关柜的状态量和最大扣分值见表 7-47。评分标准见表 7-48。

表 7-46   开关柜各部件权重

部件	本体	附件	操动系统及控制回路	辅助部件	标识
部件代号	P1	P2	P3	P4	P5
权重代号 K_P	K_1	K_2	K_3	K_4	K_5
权重	0.3	0.2	0.25	0.15	0.1

表 7-47   开关柜的状态量和最大扣分值

序号	状态量名称	部件代号	最大扣分值
1	绝缘电阻	P1/P2/P3	40
2	放电声音	P1	40
3	主回路直流电阻	P1	40
4	导电连接点的相对温差或温升	P1	40
5	SF₆仪表指示	P1	40
6	凝露（加热器、温湿度控制器异常）	P2	30
7	污秽	P2	40

续表

序号	状态量名称	部件代号	最大扣分值
8	完整	P2	40
9	分、合闸操作	P3	40
10	联跳功能	P3	40
11	"五防"功能	P3	40
12	辅助开关投切状况	P3	10
13	接地引下线外观	P4	40
14	接地电阻	P4	30
15	带电显示器	P4	20
16	仪表指示	P4	10
17	标识齐全	P5	30

表 7-48　　　　　　　　　　　开关柜状态评价评分表

设备命名：　　　　　　　　　　设备型号：　　　　　　　　　　生产日期：

出厂编号：　　　　　　　　　　投运日期：

序号	部件	状态量	标准要求	评分标准	扣分
1	本体 P1	绝缘电阻	20℃时开关本体绝缘电阻不低于300MΩ	绝缘电阻折算到20℃下，低于500MΩ，扣10分； 低于400MΩ，扣20分； 低于300MΩ，扣40分	
2		主回路直流电阻	≤1.5倍初值（注意值），要求测量电流≥100A	初值差≥15%，扣5分； 初值差≥30%，扣10分； 初值差≥50%，扣20分； 初值差≥100%，扣30分	
3		导电连接点的相对温差或温升	1）相间温度差小于10K； 2）触头温度小于75℃	 温度>75℃，扣10分； >80℃，扣20分； >90℃，扣40分。 合计取两项扣分中的较大值	
4		放电声音	无异常放电声音	1）存在异常放电声音，扣30分； 2）存在严重放电声音，扣40分	
5		SF₆仪表指示	气压表指示在标准范围内	气压表在淡绿色（或黄色）范围，扣20分；在红色区域，扣40分	

$m_1=$　　　　　；$K_P=$　　　　　；$K_r=$　　　　　；$M_1=m_1 \times K_P \times K_r=$　　　　　；部件评价：

续表

序号	部件	状态量	标准要求	评分标准	扣分
6		绝缘电阻	20℃时 TV/TA/母线避雷器一次绝缘电阻不低于1000MΩ，二次绝缘电阻不低于10MΩ	绝缘电阻折算到 20℃以下，不合格，扣40分	
7	附件 P2	污秽	满足设备运行的要求	污秽较严重，扣20分；有明显放电痕迹，扣30分；严重放电痕迹，扣40分	
8		完整	绝缘件表面完好无破损	略有破损、缺失，扣10～20分；有破损、缺失，扣30分；严重破损、缺失，扣40分	
9	附件 P2	凝露	加热器、温湿度控制器运行正常	1) 地上开关柜无除湿措施，扣20分；地下开关柜无除湿措施，扣30分；2) 加热器、温湿度控制器运行异常，扣30分	
$m_2=$	; $K_P=$	; $K_r=$	; $M_2=m_2 \times K_P \times K_r=$	; 部件评价：	
10		绝缘电阻	机构控制或辅助回路绝缘电阻≥2MΩ	不满足，扣30分；其他情况视实际情况酌情扣分	
11		分、合闸操作	操作正常	1) 曾发生误分、合闸操作，原因不明，扣20分；2) 发生拒分、合闸操作，原因不明，扣40分	
12	操动系统及控制回路 P3	联跳功能	正常、完好	1) 回路中三相不一致，扣20分；2) 熔丝联跳装置不能满足跳闸要求，扣40分	
13		"五防"功能	正常	"五防"装置故障，扣40分；不完善视情况酌情扣分	
14		辅助开关投切状况	操作正常	1) 卡涩、接触不良，扣10分；2) 曾发生切换不到位原因不明，扣10分	
$m_3=$	; $K_P=$	; $K_r=$	; $M_3=m_3 \times K_P \times K_r=$	; 部件评价：	
15	辅助部件 P4	接地引下线外观	连接牢固，接地良好引下线截面积不得小于 25mm² 铜芯线或镀锌钢绞线，35mm² 钢芯铝绞线。接地棒直径不得小于φ12mm 的圆钢或 40×4 的扁钢。埋深耕地不小于 0.8m，非耕地不小于 0.6m	1) 无明显接地，扣15分；连接松动、接地不良，扣25分；断开、断裂，扣40分；2) 引下线截面积不满足要求，扣30分；3) 接地引线轻微锈蚀[小于截面直径（厚度）10%]，扣10分；中度锈蚀[大于截面直径（厚度）10%]，扣15分；较严重锈蚀[大于截面直径（厚度）20%]，扣30分；严重锈蚀[大于截面直径（厚度）30%]扣40分；4) 埋深不足扣20分	
16		接地电阻	接地电阻不大于4Ω	不符合扣30分	
17		带电显示器	正常	失灵，扣20分	
18		仪表指示	正常	失灵，一项扣5分	
$m_4=$	; $K_P=$	; $K_r=$	; $M_4=m_4 \times K_P \times K_r=$	; 部件评价：	

续表

序号	部件	状态量	标准要求	评分标准	扣分
19	标识 P5	标识齐全	设备标识和警示标识齐全、准确、完好	1）安装高度达不到要求，扣 5 分； 2）标识错误，扣 30 分； 3）无标识或缺少标识扣 30 分	

$m_5=$; $K_P=$; $K_r=$; $M_5=m_5 \times K_P \times K_r=$; 部件评价：

整体评价结果：

评价得分：$M=\sum[K_P \times M_P(P=1,2,3,4,5)]$ $(K_1=0.4, K_2=0.2, K_3=0.25, K_4=0.15, K_5=0.15)$	
评价状态： □正常　　　□注意　　　□异常　　　□严重	

注意、异常及严重设备原因分析（所有 15 分及以上的扣分项均在此栏中反映）：

处理建议：

评价人：	审核人：

2. 评价结果

（1）部件评价。某一部件的最后得分 $M_P(P=1,5)=m_P(P=1,5) \times K_p \times K_r$。

某一部件的基础得分 $m_P(P=1,5)=100-$相应部件状态量中的最大扣分值。对存在家族缺陷的部件，取家族缺陷系数 $K_P=0.95$，无家族缺陷的部件 $K_P=1$。寿命系数 $K_r=(100-$设备运行年数$\times0.5)/100$。

各部件的评价结果按量化分值的大小分为"正常状态""注意状态""异常状态"和"严重状态"四个状态。分值与状态的关系见表 7-49。

表 7-49　　　　　　　开关柜部件评价分值与状态的关系

部件	85~100/分	75~85（含）/分	60~75（含）/分	60（含）以下/分
本体	正常状态	注意状态	异常状态	严重状态
附件	正常状态	注意状态	异常状态	严重状态

续表

部件	85~100/分	75~85（含）/分	60~75（含）/分	60（含）以下/分
操动系统控制回路	正常状态	注意状态	异常状态	严重状态
辅助部件	正常状态	注意状态	异常状态	严重状态
标识	正常状态	注意状态	异常状态	

（2）整体评价。当所有部件的得分在正常状态时，该开关柜的状态为正常状态，最后得分=$\sum[K_P \times M_P(P=1,5)]$；一个及以上部件得分在正常状态以下时，该开关柜的状态为最差部件的状态，最后得分=$\min[M_P(P=1,5)]$。

五、电缆线路

1. 评价标准

电缆线路状态评价以每条电缆为单元，包括电缆本体、电缆终端、电缆中间接头、接地系统、电缆通道、辅助设施等部件。各部件的范围划分见表7-50。

表7-50　　　　　电缆线路各部件的范围

部件	评价范围
电缆本体 P1	电缆本体
电缆终端 P2	电缆终端头
电缆中间接头 P3	电缆中间头
接地系统 P4	接地引下线
电缆通道 P5	电缆井、电缆管沟、电缆桥架、电缆支架、电缆线路保护区
辅助设施 P6	电缆金具、围栏、保护管、各类设备标识、警示标识

电缆线路的评价内容分为电气性能、机械性能、防火阻燃、设备环境和外观。具体评价内容详见表7-51。

表7-51　　　　　电缆线路各部件的评价内容

评价内容 部件	电气性能	机械性能	防火阻燃	设备环境	外观
电缆本体 P1	√		√	√	√
电缆终端 P2	√		√		√
电缆中间接头 P3	√		√	√	√
接地系统 P4	√				√
电缆通道 P5			√	√	√
辅助设施 P6		√			√

各评价内容包含的状态量见表7-52。

表 7-52　　　　　　　　　电缆线路评价内容包含的状态量

部件	状态量
电缆本体 P1	电气性能（线路负荷、绝缘电阻）、防火阻燃、设备环境（埋深）、外观（破损变形）
电缆终端 P2	电气性能（连接点温度）、防火阻燃、外观（污秽、破损）
电缆中间接头 P3	电气性能（温度）、运行环境、破损，防火阻燃
接地系统 P4	外观（接地引下线外观）、电气性能（接地电阻）
电缆通道 P5	防火阻燃、设备环境（电缆井环境、电缆管沟环境）、外观（电缆线路保护区运行环境）
辅助设施 P6	机械性能（牢固）、外观（标识齐全、锈蚀）

电缆线路的状态量以巡检、例行试验、诊断性试验、家族缺陷、运行信息等方式获取。

电缆状态评价以量化的方式进行，各部件起评分为 100 分，各部件的最大扣分值为 100 分，权重见表 7-53。电缆线路的状态量和最大扣分值见表 7-54。评分标准见表 7-55。

表 7-53　　　　　　　　　　电缆线路各部件权重

部件	电缆本体	电缆终端	电缆中间接头	接地系统	电缆通道	辅助设施
部件代号	P1	P2	P3	P4	P5	P6
权重代号 K_P	K_1	K_2	K_3	K_4	K_5	K_6
权重	0.20	0.20	0.20	0.1	0.15	0.15

表 7-54　　　　　　　　　电缆线路的状态量和最大扣分值

序号	状态量名称	部件代号	最大扣分值
1	线路负荷	P1	40
2	绝缘电阻	P1	40
3	电缆变形	P1	40
4	埋深	P1	30
5	防火阻燃	P1/P2/P3/P5	40
6	污秽	P2	40
7	破损	P2/P3	40
8	温度	P2/P3	40
9	运行环境	P3	40
10	接地引下线外观	P4	40
11	接地电阻	P4	30
12	电缆井	P5	40
13	电缆管沟环境	P5	40
14	电缆线路保护区运行环境	P5	40
15	牢固	P6	30
16	标识齐全	P6	30
17	锈蚀	P6	30

表 7-55 　　　　　　　　　　　电缆线路状态评价评分表

设备命名：　　　　　　　　　　设备型号：　　　　　　　　　　生产日期：
出厂编号：　　　　　　　　　　投运日期：

序号	部件	状态量	标准要求	评分标准	扣分
1	电缆本体 P1	线路负荷	线路负荷不超过额定负荷	负荷超过 80%额定负荷时，扣 20 分；超负荷，扣 40 分	
2		绝缘电阻	耐压试验前后，主绝缘绝缘电阻测量应无明显变化，与初值比没有显著差别	视实际情况酌情扣分	
3		破损、变形	电缆外观无破损、无明显变形	轻微破损、变型，每处扣 5 分；明显破损、变形，每处扣 25 分；严重破损、变形，每处扣 40 分	
4		防火阻燃	满足设计要求；一般要求不得重叠，减少交叉；交叉处需用防火隔板隔开	视差异情况酌情扣分，最多扣 40 分	
5		埋深	满足设计要求	视差异情况酌情扣分，最多扣 30 分	

$m_1=$　　　　；$K_P=$　　　　；$K_r=$　　　　；$M_1=m_1 \times K_P \times K_r=$　　　　；部件评价：

序号	部件	状态量	标准要求	评分标准	扣分
6	电缆终端 P2	污秽	无积污、闪络痕迹	表面有污秽，扣 10 分；表面污秽严重无闪络痕迹，扣 20 分；表面污秽并闪络痕迹有电晕，扣 40 分	
7		完整	无破损	略有破损、缺失，扣 10~20 分；有破损、缺失，扣 30 分；严重破损、缺失，扣 40 分	
8		防火阻燃	进出建筑物和开关柜需有防火阻燃及防小动物措施	措施不完善，扣 20 分；无措施，扣 40 分	
9		温度	1）相间温度差小于 10K；2）触头温度小于 75℃	温度>75℃，扣 10 分；>80℃，扣 20 分；>90℃，扣 40 分。合计取两项扣分中的较大值	

$m_2=$　　　　；$K_P=$　　　　；$K_r=$　　　　；$M_2=m_2 \times K_P \times K_r=$　　　　；部件评价：

续表

序号	部件	状态量	标准要求	评分标准	扣分
10	电缆中间接头 P3	温度	无异常发热现象	有异常现象酌情扣分	
11		运行环境	不被水浸泡和杂物堆压	被污水浸泡、杂物堆压,水深超过 1m,扣 30 分; 其他情况视实际情况酌情扣分	
12		防火阻燃	满足设计要求;一般要求电缆接头采用防火涂料进行表面阻燃处理;和相邻电缆上绕包阻燃带或刷防火涂料	措施不完善,扣 20 分; 无措施,扣 40 分	
13		破损	中间头无明显破损	中间头有明显破损痕迹,扣 40 分; 其他情况视实际情况酌情扣分	
$m_3=$; $K_P=$; $K_r=$; $M_3=m_3\times K_P\times K_r=$; 部件评价:					
14	接地系统 P4	接地引下线外观	连接牢固,接地良好。引下线截面积不得小于 25mm² 铜芯线或镀锌钢绞线,35mm² 钢芯铝绞线。接地棒直径不得小于 ϕ12mm 的圆钢或 40×4 的扁钢。埋深耕地不小于 0.8m,非耕地不小于 0.6m	1)无明显接地,扣 15 分;连接松动、接地不良,扣 25 分;出现断开、断裂、断裂,扣 40 分; 2)引下线截面积不满足要求扣 30 分; 3)接地引线轻微锈蚀[小于截面直径(厚度)10%],扣 10 分;中度锈蚀[大于截面直径(厚度)10%],扣 15 分;较严重锈蚀[大于截面直径(厚度)20%],扣 30 分;严重锈蚀[大于截面直径(厚度)30%]扣 40 分; 4)埋深不足扣 20 分	
15		接地电阻	接地电阻不大于 100	不符合扣 30 分	
$m_4=$; $K_P=$; $K_r=$; $M_4=m_4\times K_P\times K_r=$; 部件评价:					
16	电缆通道 P5	电缆井环境	井内无积水、杂物;基础无破损、下沉,盖板无破损、缺失且平整	电力电缆井内积水未碰到电缆,扣 10 分;井内积水浸泡电缆或有杂物,扣 20 分;井内积水浸泡电缆或杂物危及设备安全,扣 30 分; 基础破损、下沉,视情况扣 10~40 分。盖板破损、缺失、盖板不平整,扣 10~40 分	
17		电缆管沟环境	无积水、无下沉	积清水,扣 10 分; 井内积污水,扣 20 分; 沟体下沉,扣 40 分	
18		防火阻燃	满足设计要求;一般要求对电缆可能着火导致严重事故的回路、易受外部影响波及火灾的电缆密集场所,应有适当的阻火分隔	措施不完善,扣 20 分; 无措施,扣 40 分	

续表

序号	部件	状态量	标准要求	评分标准	扣分
19	电缆通道 P5	电缆线路保护区运行环境	电缆线路通道的路面正常，电缆线路保护区内无施工开挖，电缆沟体上无违章建筑及堆积物	不符合扣 10~40 分	
$m_5=$; $K_P=$; $K_r=$; $M_5=m_5×K_P×K_r=$; 部件评价:					
20	辅助设施 P6	锈蚀	无锈蚀	轻微锈蚀，不扣分；中度锈蚀，扣 20 分；严重锈蚀，扣 30 分	
21		牢固	各辅助设备安装牢固、可靠	松动不可靠，扣 30 分；其他情况视实际情况酌情扣分	
22		标识齐全	设备标识和警示标识齐全、准确、完好	1）安装高度达不到要求，扣 5 分；2）标识错误，扣 30 分；3）无标识或缺少标识，扣 30 分	
$m_6=$; $K_P=$; $K_r=$; $M_6=m_6×K_P×K_r=$; 部件评价:					

整体评价结果：

评价得分：$M=\sum[K_P×M_P(P=1,2,3,4,5,6)]$
$(K_1=0.2, K_2=0.2, K_3=0.2, K_4=0.1, K_5=0.15, K_6=0.15)$

评价状态：
□正常　　□注意　　□异常　　□严重

注意、异常及严重设备原因分析（所有 15 分及以上的扣分项均在此栏中反映）：

处理建议：

评价：　　　　　　　　　　　　　　　　　　　　　　　　审核：

2. 评价结果

（1）部件得分：

某一部件的最后得分 $M_P(P=1,6)=m_P(P=1,6)×K_P×K_r$。

某一部件的基础得分 $M_P(P=1,6)=100-$相应部件状态量中的最大扣分值。对存在家族缺陷的部件，取家族缺陷系数 $K_g=0.95$，无家族缺陷的部件 $K_P=1$。寿命系

数 K_r=(100−运行年数×0.5)/100。

（2）某类部件得分：某类部件都在正常状态时，该类部件得分取算数平均值；有一个及以上部件得分在正常状态以下时，该类部件得分与最低的部件一致。

各部件的评价结果按量化分值的大小分为"正常状态""注意状态""异常状态"和"严重状态"四个状态。分值与状态的关系见表 7-56。

表 7-56　　　　　　　　电缆线路部件评价分值与状态的关系

部件	85~100/分	75~85（含）/分	60~75（含）/分	60（含）以下/分
电缆本体	正常状态	注意状态	异常状态	严重状态
电缆终端	正常状态	注意状态	异常状态	严重状态
电缆中间接头	正常状态	注意状态	异常状态	严重状态
接地系统	正常状态	注意状态	异常状态	严重状态
电缆通道	正常状态	注意状态	异常状态	严重状态
辅助设施	正常状态	注意状态	异常状态	

（3）整体评价。所有类部件的得分都在正常状态时，该电缆线路单元为正常状态，最后得分=$\sum[K_P \times M_P(P=1,6)]$；有一类及以上部件得分在正常状态以下时，该电缆线路单元为最差类部件的状态，最后得分=$\min[M_P(P=1,6)]$。

六、构筑物及外壳

1. 评价标准

构筑物及外壳状态评价以配电室、中压开关站的建筑物或组合式箱变、环网单元等电气设备的外壳为单元，包括本体、基础、接地系统、通道、辅助设施等部件。各部件的范围划分见表 7-57。

表 7-57　　　　　　　　构筑物及外壳各部件的范围

部件	评价范围
本体 P1	防护等级、屋顶或顶盖、墙体或外壳、窗户、门口、楼梯
基础 P2	基础
接地系统 P3	接地装置
通道 P4	运行通道
辅助设施 P5	灭火器、照明、SF_6泄漏监测装置、强排风装置、排水装置、除湿装置、各类设备标识、警示标识

构筑物及外壳的评价内容分为电气性能、机械防护性能、防火阻燃、设备环境和外观。具体评价内容详见表 7-58。

表 7-58   构筑物及外壳各部件的评价内容

部件 \ 评价内容	电气性能	机械防护性能	防火阻燃	设备环境	外观
本体 P1		√	√	√	√
基础 P2					√
接地系统 P3	√				√
通道 P4					√
辅助设施 P5		√			√

各评价内容包含的状态量见表 7-59。

表 7-59   构筑物及外壳评价内容包含的状态量

部件	状态量
本体 P1	屋顶漏水、外体渗漏、门窗完整、防小动物、楼梯完整、锈蚀
基础 P2	基础完整
接地系统 P3	接地电阻、接地装置外观
通道 P4	通道
辅助设施 P5	灭火器、照明、SF_6泄漏监测装置、强排风装置、排水装置、除湿装置、标识齐全

构筑物及外壳的状态量以巡检等方式获取。

构筑物及外壳状态评价以量化的方式进行，各部件起评分为 100 分，各部件的最大扣分值为 100 分，权重见表 7-60。筑物及外壳的状态量和最大扣分值见表 7-61。评分标准见表 7-62。

表 7-60   构筑物及外壳各部件权重

部件	本体	基础	接地系统	通道	辅助设施
部件代号	P1	P2	P3	P4	P5
权重代号 K_P	K_1	K_2	K_3	K_4	K_5
权重	0.4	0.1	0.1	0.1	0.3

表 7-61   构筑物及外壳的状态量和最大扣分值

序号	状态量名称	部件代号	最大扣分值
1	屋顶漏水	P1	40
2	外体渗漏	P1	40
3	门窗完整	P1	40
4	防小动物	P1	20
5	楼梯完整	P1	30
6	基础完整	P2	30
7	接地装置外观	P3	40

续表

序号	状态量名称	部件代号	最大扣分值
8	接地电阻	P3	30
9	锈蚀	P1	20
10	通道	P4	20
11	灭火器	P5	20
12	照明	P5	20
13	SF₆ 泄漏监测装置	P5	30
14	强排风装置	P5	30
15	排水装置	P5	20
16	除湿装置	P5	10
17	标识齐全	P5	30

表 7-62　　　　　　　　　　　　构筑物及外壳评价标准

设备命名：　　　　　　　　　　　　　投运日期：

序号	部件	状态量	标准要求	评分标准	扣分
1	本体 P1	屋顶漏水	无渗漏水	有渗水，扣 10~20 分； 有漏水，扣 30 分； 有明显裂纹，扣 40 分	
2		外体渗漏	无渗漏水，无锈蚀	有渗水，扣 10~20 分； 有漏水，扣 30 分； 有明显裂纹，扣 40 分； 明显锈蚀，扣 20 分； 其他情况视实际情况酌情扣分	
3		门窗完整	无破损	窗户及纱窗轻微破损，扣 5 分； 明显破损，扣 25 分； 严重破损，扣 40 分	
4		防小动物	无破损	无防鼠挡板，扣 20 分； 防鼠挡板不规范，扣 10 分	
5		楼梯完整	无破损	轻微锈蚀、破损，扣 5 分每处； 明显锈蚀、破损，扣 25 分每处； 严重锈蚀、破损，扣 40 分每处	

$m_1=$　　　　；$K_P=$　　　　；$K_r=$　　　　；$M_1=m_1 \times K_P \times K_r=$　　　　　　　；部件评价：

序号	部件	状态量	标准要求	评分标准	扣分
6	基础 P2	基础完整	井内无积水、杂物；基础无破损、沉降	1）电力电缆井内积水未碰到电缆，扣 10 分；井内积水浸泡电缆或有杂物，扣 20 分；井内积水浸泡电缆或杂物危及设备安全，扣 30 分； 2）基础破损、下沉的视情况，扣 10~40 分	

$m_2=$　　　　；$K_P=$　　　　；$K_r=$　　　　；$M_2=m_2 \times K_P \times K_r=$　　　　　　　；部件评价：

续表

序号	部件	状态量	标准要求	评分标准	扣分
7	接地系统 P3	接地引下线外观	连接牢固，接地良好。引下线截面积不得小于 25mm² 铜芯线或镀锌钢绞线，35mm² 钢芯铝绞线。接地棒直径不得小于 ϕ12mm 的圆钢或 40×4 的扁钢。埋深耕地不小于 0.8m，非耕地不小于 0.6m	1）无明显接地，扣 15 分；连接松动、接地不良，扣 25 分；出现断开、断裂，扣 40 分； 2）引下线截面积不满足要求扣 30 分； 3）接地引线轻微锈蚀［小于截面直径（厚度）10%］，扣 10 分；中度锈蚀［大于截面直径（厚度）10%］，扣 15 分；较严重锈蚀［大于截面直径（厚度）20%］，扣 30 分；严重锈蚀［大于截面直径（厚度）30%］，扣 40 分； 4）埋深不足扣 20 分	
8		接地电阻	接地电阻不大于 100Ω	不符合扣 30 分	
$m_3=$; $K_P=$; $K_r=$; $M_3=m_3×K_P×K_r=$; 部件评价：					
9	通道 P4	通道	通道的路面正常，通道内无违章建筑及堆积物	不符合，扣 10～40 分	
$m_4=$; $K_P=$; $K_r=$; $M_4=m_4×K_P×K_r=$; 部件评价：					
10	辅助设施 P5	灭火器	完整	过期或缺少，扣 20 分	
11		照明	完整	缺少，扣 20 分	
12		SF₆泄漏监测装置	完整、动作可靠	SF₆ 设备的建筑内缺少，扣 30 分；动作不可靠，扣 30 分	
13		强排风装置	完整、动作可靠	SF₆ 设备的建筑内缺少，扣 30 分；装置位置不当，扣 15 分	
14		排水装置	完整、动作可靠	地面以下的设施缺少排水装置，扣 20 分	
15		除湿装置	完整、动作可靠	与设计不相符的，扣 10 分	
16		标识齐全	设备标识和警示标识齐全、准确、完好	1）安装高度达不到要求，扣 5 分； 2）标识错误，扣 30 分； 3）无标识或缺少标识，扣 30 分	
$m_5=$; $K_P=$; $K_r=$; $M_5=m_5×K_P×K_r=$; 部件评价：					

整体评价结果：

评价得分：$M=\sum[K_P×M_P(P=1,2,3,4,5)]$ ($K_1=0.4,K_2=0.1,K_3=0.1,K_4=0.1,K_5=0.3$)	

评价状态：
□正常　　□注意　　□异常　　□严重

注意、异常及严重设备原因分析（所有 15 分及以上的扣分项均在此栏中反映）：

续表

序号	部件	状态量	标准要求	评分标准	扣分

处理建议:

评价:			审核:

2. 评价结果

（1）部件评价。

某一部件的最后得分 $M_P(P=1,5)=m_P(P=1,5) \times K_p \times K_r$。

某一部件的基础得分 $m_P(P=1,5)=100-$相应部件状态量中的最大扣分值。对存在家族缺陷的部件，取家族缺陷系数 $K_p=0.95$，无家族缺陷的部件 $K_P=1$。寿命系数 $K_r=(100-$设备运行年数$\times 0.5)/100$。

各部件的评价结果按量化分值的大小分为"正常状态""注意状态""异常状态"和"严重状态"四个状态。分值与状态的关系见表 7-63。

表 7-63 构筑物及外壳评价分值与状态的关系

部件	85~100/分	75~85（含）/分	60~75（含）/分	60（含）以下/分
本体	正常状态	注意状态	异常状态	严重状态
基础	正常状态	注意状态	异常状态	严重状态
接地系统	正常状态	注意状态	异常状态	严重状态
通道	正常状态	注意状态	异常状态	严重状态
辅助设施	正常状态	注意状态	异常状态	—

（2）整体评价。当所有部件的得分在正常状态时，该构筑物及外壳的状态为正常状态，最后得分$=\sum[K_P \times M_P(P=1,5)]$；一个及以上部件得分在正常状态以下时，该构筑物及外壳的状态为最差部件的状态，最后得分$=\min[M_P(P=1,5)]$。

第五节 评价结果应用

正常状态的设备，可适当简化巡视内容、延长巡视周期；对于架空线路通道、电缆线路通道的巡视周期不得延长。注意状态的设备，应按照 Q/GDW 643—2011《配网设备状态检修试验规程》要求，对其状态量加强巡检和带电检测，并适当缩短巡检周期，及时跟踪分析工作，正常状态配电设备巡检时红外测温检测周期及要求见表 7-64，迎峰度夏（冬）期间应对重载或重要配电网设备进行红外测温及特殊巡视。异常和严重状态的设备，应按照 Q/GDW 643—2011 要求，对其状态量制订相应的巡检和带电检测计划，做好应急处理预案。

表 7-64　　　正常状态配电巡检时设备红外测温检测周期及要求

设备类型	周期		要求	说明
	市区及县城区	郊区及农村		
10（20）kV 架空线路导线连接管、线夹	1 个月	1 个季度	温升、温差无异常	正常状态：实测温度不大于 75℃，相间温差不大于 10K
0.4kV 架空线路导线连接管、线夹	1 个季度	1 个季度	温升、温差无异常	正常状态：实测温度不大于 75℃，相间温差不大于 10K
柱上断路器	1 个月	1 个季度	引线接头、断路器本体、电压互感器本体及隔离开关触头温升、温差无异常	正常状态：实测温度不大于 75℃，相间温差不大于 10K
柱上隔离开关	1 个月	1 个季度	开关触头、引线接头温升、温差无异常	正常状态：实测温度不大于 75℃，相间温差不大于 10K
跌落式熔断器	1 个月	1 个季度	引线接头、触头温升、温差无异常	正常状态：实测温度不大于 75℃，相间温差不大于 10K
电容器	1 个月	1 个季度	引线接头、电容器本体温升、温差无异常	正常状态：电气连接处实测温度不大于 75℃，相间温差不大于 10K；本体实测温度不大于 45℃
配电变压器	柱上变压器 1 个月	1 个季度	变压器箱体、套管、引线接头及电缆等温升、温差无异常	正常状态：电气连接处实测温度不大于 75℃，相间温差不大于 10K；本体实测温度不大于 85℃
	配电室、箱式变电站 1 个季度			
开关柜	1 个月	1 个月	温升、温差无异常	正常状态：电气连接处实测温度不大于 90℃，相间温差不大于 50K；触头处实测温度不大于 75℃，相间温差不大于 35K
10（20）kV 电缆线路	1 个季度	1 个季度	电缆终端头及中间接头无异常升温，同比无明显温差	正常状态：电气连接处实测温度不大于 75℃，相间温差不大于 10K；触头处实测温度不大于 75℃，相间温差不大于 35K
0.4kV 电缆线路	半年	半年	电缆终端头及中间接头无异常升温，同比无明显温差	正常状态：电气连接处实测温度不大于 75℃，相间温差不大于 10K；触头处实测温度不大于 75℃，相间温差不大于 35K

第八章　配电网缺陷与隐患管理

第一节　缺陷的基本概念

一、缺陷的定义

设备缺陷是指配电设备本身及周边环境出现的影响配电网安全、经济和优质运行的情况。设备缺陷库是对设备缺陷进行的规范性描述，配电网设备缺陷库由设备类别、设备部件、缺陷部位、缺陷内容、缺陷程度及参考缺陷等级等部分组成。缺陷内容是对缺陷现象的具体描述，包括缺陷发生的部位和现象。

超出消缺周期仍未消除的设备危急缺陷和严重缺陷，即为安全隐患。设备缺陷与隐患的消除应优先采取不停电作业方式。

二、缺陷等级

设备缺陷按其对人身、设备、电网的危害或影响程度，划分为危急、严重和一般三个等级。

1. 危急威胁

严重威胁设备的安全运行，不立即处理，随时可能导致设备损坏、人身伤亡、大面积停电、火灾等事故的发生，应尽快消除或采取必要的安全技术措施进行处理的缺陷。危急缺陷举例如图 8-1 所示。

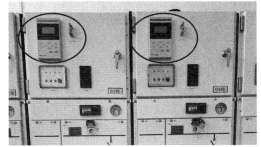

图 8-1　二次保护装置黑屏

2. 严重缺陷

设备处于异常状态，可能发展为事故，但设备仍可在一定时间内继续运行，须加强监视并需尽快进行检修处理的缺陷。严重缺陷举例如图 8-2 所示。

3. 一般缺陷

设备本身及周围环境出现不正常情况，一般不威胁设备的安全运行，可列入年、季检修计划或日常维护工作中处理的缺陷。一般缺陷举例如图 8-3 所示。

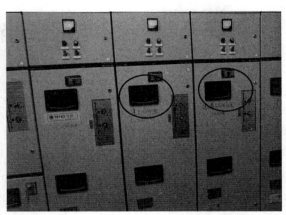

图 8-2　变压器严重渗油　　　　图 8-3　高压柜缺少标识

第二节　缺陷与隐患工作要求

一、缺陷的发现

生产人员应依据有关标准、规程、设备技术条件等要求，认真开展设备监控、巡检、操作、例行试验、诊断性试验、状态监测、检修、验收、各类检查等工作，及时发现设备缺陷，并告知运维人员及时进行缺陷建档。

二、缺陷记录

1. 缺陷的登记

在发现与处理缺陷或隐患的过程中，应将缺陷如实登记到生产管理系统（PMS 系统）中，内容包括缺陷与隐患的地点、部位、发现时间、缺陷描述、缺陷设备的类型、厂家和型号、等级、计划处理时间、检修时间、处理情况、验收意见等。缺陷发现后 3 个工作日内必须录入到生产管理系统（PMS 系统）中。

配电网重点缺陷登记可参照表 8-1～表 8-11。

表 8-1　直供小区电气火灾隐患排查表

序号	辖区单位	班组/供电所	责任人	电气竖井名称	对应生产台区名称	对应营销台区编号	小区编号	网格员姓名	网格员联系方式	公司界面			物业、用户界面				严重隐患描述	是否已整改	隐患发现日期	计划整改日期	实际整改日期
										电气竖井楼层间洞口、桥架接口等未用防火材料封堵或封堵不严分区隔离（处）	强弱电之间距小于300m或未采用阻燃类线缆（处）	高层建筑敷设电源线缆未采用低烟、低毒的阻燃线缆（处）	电气竖井内检修门堆放杂物（处）	电气竖井检修门被用户占用（处）	检修门未采用耐火等级不低于丙级的耐火门（处）	检修门未加锁或门控装置（处）					
…																					

表 8-2　线路"三跨"隐患排查表

序号	单位名称	班组/供电所	班组责任人	跨越物名称	跨越物类别	跨越点建设状态	穿越点电网线路名称	跨越段杆塔	电压等级（kV）	线路投运年限（年）	线路建设时序	是否完成治理	是否落实项目	项目类型	隐患发现日期	计划整改日期	实际整改日期
…					高铁				10		电网先建	是	是	网改			

表 8-3　架空线路树障、鸟巢隐患排查表

序号	单位名称	班组/供电所	责任人	线路名称	路段	跨越段杆塔	树障数量	鸟巢数量	是否完成治理	隐患发现日期	计划整改日期	实际整改日期
…									是			

表 8-4　电缆及通道火灾隐患排查表

序号	单位	班组/供电所	责任人	电缆通道所在位置(道路名称:起点—止点)	所属网格	通道形式	通道规模	通道内线路条数	通道内线路名称	中间接头数量	是否有隐患	缺陷及隐患描述	整改措施	隐患发现时间	是否已整改	计划整改完成时间	实际整改完成时间	是否需要项目支撑	项目储备时间	现场检查照片	整改后照片	备注(需协调的困难和问题)
…						电缆排管					是				是		是	是				

表 8-5　站房溃水隐患排查表

序号	单位	班组/供电所	责任人	站房名称	所属线路	站房位置	是否最底层	站房是否曾经发生淹水、溃水	目前存在问题(一个或多个)	整改措施	是否整改	隐患发现时间	计划整改完成时间	实际整改完成时间
…						地上	地上	是	通风设施是否完善		是			是

表 8-6　凝露隐患排查表

序号	单位	班组/供电所	责任人	开闭所/配电室名称	进线线路名称	站房位置	站房结构	电缆孔洞处是否用堵料密实封堵	通风是否良好	专用送风系统是否安装	专用排风系统是否安装	系统工作是否正常	去湿机是否安装	室内所(室)是否干燥无潮	所(室)外是否设有积水水坑	所(室)内地平是否比所在层面地平高	有无积水	是否整改	隐患发现时间	计划整改完成时间	实际整改完成时间
…						地上	单体建筑	是	是	是	是	是	是	是	是	是	是	是			

表 8-7　线路及设备防人身触电隐患排查表

序号	县公司级单位	班组/供电所	责任人	线路名称	台区名称	变压器配箱有无漏保	电缆分接箱有无漏保	需更换漏保数量(未整改的填写)	具体整改措施	是否整改	隐患发现时间	计划整改完成时间	实际整改完成时间
…						是	是			是			是

表8-8　外破隐患明细表

序号	辖区运检单位	班组/供电所	责任人	发现时间	施工项目类型	项目名称(施工方)	施工位置	隐患描述	涉及线路	涉及用户	已采取措施	是否需重点关注	拟后续采取措施	隐患消除时间	隐患现场照片	备注
…					市政工程							是				

表8-9　架空线钓鱼触电隐患整治

序号	县公司级单位	班组/供电所	线路责任人	线路名称	电压等级	鱼塘地点	需整改线路长度(km)	隐患描述	计划整改日期	实际整改日期	是否整改	隐患治理项目类型	是否落实资金	所需资金(估算,万元)	项目名称	项目编号	备注
…	汉口				220						是	网改	是				

表8-10　架空线防雷隐患整治

序号	县公司级单位	班组/供电所	线路责任人	线路名称	电压等级	需加装避雷器区段	需要加装避雷器数量(组)	需整改线路长度(km)	隐患发现日期	计划整改日期	实际整改日期	是否整改	隐患治理项目类型	是否落实资金	所需资金(估算,万元)	项目名称	项目编号	备注
…	汉口				220							是	网改	是				

表8-11　架空裸线隐患整治

序号	县公司级单位	班组/供电所	线路责任人	线路名称	电压等级	裸线区段	需整改长度(km)	隐患发现日期	计划整改日期	实际整改日期	是否整改	隐患治理项目类型	是否落实资金	所需资金(估算,万元)	项目名称	项目编号	备注
…	汉口				20						是	网改	是				

2. 缺陷的定级

缺陷、隐患发现后，应根据 Q/GDW 745—2012《配电设备缺陷分类标准/电力设备（施）缺陷定性技术标准》严格进行分类分级，配电设备严重及危急缺陷清单见表 8-12。缺陷发现后，根据 Q/GDW 645—2011 对相应设备进行状态评价，根据 Q/GDW 644—2011《配电设备状态检修导则》确定检修策略，开展消缺工作。

表 8-12　　　　　　　　　　配电设备严重及危急缺陷库

设备类别	设备部件	缺陷部位	缺陷内容	缺陷程度	
				严重缺陷	危急缺陷
架空线路	杆塔	杆塔本体	倾斜	水泥杆本体倾斜度（包括挠度）为 2%～3%，50m 以下高度铁塔塔身倾斜度为 1.5%～2%，50m 及以上高度铁塔塔身倾斜度为 1%～1.5%	水泥杆本体倾斜度（包括挠度）不小于 3%，50m 以下高度铁塔塔身倾斜度不小于 2%，50m 及以上高度铁塔塔身倾斜度不小于 1.5%，钢管杆倾斜度不小于 1%
			纵向、横向裂纹	水泥杆杆身横向裂纹宽度为 0.4～0.5mm 或横向裂纹长度为周长的 1/6～1/3	水泥杆杆身有纵向裂纹，横向裂纹宽度超过 0.5mm 或横向裂纹长度超过周长的 1/3
			锈蚀	杆塔镀锌层脱落、开裂，塔材严重锈蚀	
			塔材缺失	角钢塔承力部件缺失	水泥杆表面风化、露筋，角钢塔主材缺失，随时可能发生倒杆塔危险
			低压同杆	同杆低压线路与高压不同电源	
		基础	埋深不足	埋深不足标准要求的 80%	埋深不足标准要求的 65%
			杆塔基础沉降	杆塔基础有沉降，15cm≤沉降值＜25cm	杆塔基础有沉降，沉降值不小于 25cm，引起钢管杆倾斜度不小于 1%
	导线	导线	弧垂	弧垂不满足运行要求，导线弧垂达到设计值 120% 以上或过紧 95% 设计值以下	—
			断股	7 股导线中 1 股、19 股导线中 3～4 股、35～37 股导线中 5～6 股损伤深度超过该股导线的 1/2；绝缘导线线芯在同一截面内损伤面积达到线芯导电部分截面的 10%～17%	7 股导线中 2 股、19 股导线中 5 股、35～37 股导线中 7 股损伤深度超过该股导线的 1/2；钢芯铝绞线钢芯断 1 股者；绝缘导线线芯在同一截面内损伤面积超过线芯导电部分截面的 17%
			散股、灯笼现象	导线有散股、灯笼现象，一耐张段出现 3 处及以上散股	—
			绝缘层破损	架空绝缘线绝缘层破损，一耐张段出现三处到四处绝缘破损、脱落或出现大面积绝缘破损、脱落	—

续表

设备类别	设备部件	缺陷部位	缺陷内容	缺陷程度	
				严重缺陷	危急缺陷
架空线路	导线	导线	温度异常	导线连接处 80℃＜实测温度≤90℃或 30K＜相间温差≤40K	导线连接处实测温度大于90℃或相间温差大于40K
			锈蚀	导线严重锈蚀	
			导线上有异物	—	导线上挂有大异物将会引起相间短路等故障
			线路距离	水平距离、交跨距离不符合运规要求	导线水平距离不符合 Q/GDW 1519—2014《配电网运维规程》要求
	绝缘子	绝缘子	污秽	有明显放电	表面有严重放电痕迹
			破损	釉面剥落面积小于 100mm²，合成绝缘子伞裙有裂纹	有裂缝，釉面剥落面积大于100mm²
			固定不牢固	固定不牢固，中度倾斜	固定不牢固，严重倾斜
	铁件、金具	线夹	温度异常	线夹电气连接处 80℃＜实测温度≤90℃或 30K＜相间温差≤40K	线夹电气连接处实测温度＞90℃或 相间温差＞40K
			松动	线夹有较大松动	线夹主件已有脱落等现象
			锈蚀	严重锈蚀（起皮和严重麻点，锈蚀面积超过 1/2）	—
			金具附件不完整	—	金具的保险销子脱落、连接金具球头锈蚀严重、弹簧销脱出或生锈失效、挂环断裂；金具串钉移位、脱出、挂环断裂、变形
		横担	弯曲、倾斜	横担上下倾斜，左右偏歪大于横担长度的 2%	横担弯曲、倾斜，严重变形
			松动、脱落	横担有较大松动	横担主件（如抱箍、连铁、撑铁等）脱落
	拉线	钢绞线	锈蚀	严重锈蚀	—
			松弛	明显松弛，电杆发生倾斜	—
			损伤	断股 7%～17%截面积	断股＞17%截面积
			拉线防护设施不满足要求	拉线绝缘子未按规定设置，道路边的拉线应设防护设施（护坡、反光管等）而未设置	—
			拉线金具不齐全	拉线金具不齐全	—
			水平拉线对地距离不能满足要求	—	水平拉线对地距离不能满足要求
		基础	埋深不足	埋深不足标准要求的 80%	埋深不足标准要求的 65%
			基础有沉降	杆塔基础有沉降，15cm≤沉降值＜25cm	杆塔基础有沉降，沉降值不小于 25cm
		拉线金具	锈蚀	严重锈蚀	—

续表

设备类别	设备部件	缺陷部位	缺陷内容	缺陷程度	
				严重缺陷	危急缺陷
架空线路	通道	通道	距建筑物距离不够		导线对交跨物安全距离不符合 Q/GDW 1519—2014 要求
			距树木距离不够	线路通道保护区内树木距导线距离，在最大风偏情况下水平距离：架空裸导线为 2～2.5m，绝缘线为 1～1.5m；在最大弧垂情况下垂直距离：架空裸导线为 1.5～2m，绝缘线为 0.8～1m	线路通道保护区内树木距导线距离：在最大风偏情况下水平距离，架空裸导线，不大于 2m；绝缘线不大于 1m；在最大弧垂情况下垂直距离，架空裸导线不大于 1.5m，绝缘线不大于 0.8m
	接地装置	接地引下线	截面不足	截面不满足要求	
		接地体	锈蚀	中度锈蚀（大于截面直径或厚度的 20%，小于 30%）	严重锈蚀（大于截面直径或厚度 30%）
			连接不良	连接松动、接地不良	出现断开、断裂
			埋深不足	埋深不足（耕地，<0.8m，非耕地，<0.6m）	—
	附件	标识	标识错误	设备标识、警示标识错误	
柱上真空断路器、柱上 SF₆ 断路器	套管	套管	破损	外壳有裂纹（撕裂）或破损	严重破损
			污秽	有明显放电	表面有严重放电痕迹
	断路器本体	断路器本体	锈蚀	严重锈蚀	
			导电接头及引线	电气连接处 80℃<实测温度≤90℃或30K<相间温差≤40K	电气连接处实测温度>90℃或相间温差>40K
			绝缘电阻不合格	绝缘电阻折算到 20℃下，小于 400MΩ	绝缘电阻折算到 20℃下，小于 300MΩ
			主回路直流电阻不合格	主回路直流电阻试验数据与初始值相差≥100%	—
			SF₆气仪表指示	气压表在告警区域范围	气压表在闭锁区域范围
	隔离开关	隔离开关	锈蚀	严重锈蚀	—
			污秽	有明显放电	表面有严重放电痕迹
			温度异常	电气连接处 80℃<实测温度≤90℃或30K<相间温差≤40K	电气连接处实测温度大于 90℃或相间温差大于 40K
			破损	外壳有裂纹（撕裂）或破损	有严重破损
			卡涩	严重卡涩	—
	操动机构	操动机构	锈蚀	严重锈蚀	—
			无法储能	无法储能	
			操作不正确	1 次操作不成功	连续 2 次及以上操作不成功
			卡涩	严重卡涩	
		分合闸指示器	指示不正确	指示不正确	

续表

设备类别	设备部件	缺陷部位	缺陷内容	缺陷程度	
				严重缺陷	危急缺陷
柱上真空断路器、柱上SF₆断路器	接地	接地引下线	锈蚀	中度锈蚀（大于截面直径或厚度的20%，小于30%）	严重锈蚀（大于截面直径或厚度30%）
			连接不良	连接松动、接地不良	出现断开、断裂
			截面积不足	截面积不满足要求	—
		接地体	埋深不足	埋深不足（耕地<0.8m，非耕地<0.6m）	—
	标识	标识	标识错误	设备标识、警示标识错误	—
	互感器	互感器	破损	外壳和套管有裂纹（撕裂）或破损	外壳和套管有严重破损
			绝缘电阻不合格		20℃时一次绝缘电阻小于1000MΩ，二次绝缘电阻小于1MΩ（采用1000V绝缘电阻表）
柱上隔离开	支持绝缘子	支持绝缘子	破损	外表有裂纹（撕裂）或破损	外表严重破损
			污秽	有明显放电	表面有严重放电痕迹
	隔离开关本体	隔离开关本体	温度异常	电气连接处 80℃<实测温度≤90℃或	电气连接处实测温度大于90℃或相间温差大于40K
				30K<相间温差≤40K	
			锈蚀	严重锈蚀	—
			卡涩	严重卡涩	—
	接地	接地引下线	锈蚀	中度锈蚀（大于截面直径或厚度的20%，小于30%）	严重锈蚀（大于截面直径或厚度的30%）
			连接不良	连接松动、接地不良	出现断开、断裂
			截面不足	截面不满足要求	—
		接地体	埋深不足	埋深不足（耕地，<0.8m；非耕地，<0.6m）	—
	标识	标识	标识错误	设备标识、警示标识错误	—
跌落式熔断器	本体及引线	本体及引线	破损	有裂纹（撕裂）或破损	严重破损
			污秽	有明显放电	表面有严重放电痕迹
			弹动	操作有剧烈弹动但能正常操作	操作有剧烈弹动已不能正常操作
			锈蚀	严重锈蚀	—
			温度异常	电气连接处 80℃<实测温度≤90℃或30K<相间温差≤40K	电气连接处实测温度大于90℃或相间温差大于40K
			故障次数超标		熔断器故障跌落次数超厂家规定值
金属氧化物避雷器	本体及引线	本体	破损	有裂纹（撕裂）或破损	严重破损
			温度异常	电气连接处相间温差异常	
			污秽	有明显放电	表面有严重放电痕迹
			松动	本体或引线脱落	—

续表

设备类别	设备部件	缺陷部位	缺陷内容	缺陷程度	
				严重缺陷	危急缺陷
金属氧化物避雷器	本体及引线	接地引下线	锈蚀	中度锈蚀(大于截面直径或厚度的20%,小于30%)	严重锈蚀(大于截面直径或厚度30%)
			连接不良	连接松动、接地不良	出现断开、断裂
			截面积不足	截面积不满足要求	—
		接地体	埋深不足	埋深不足(耕地,<0.8m;非耕地,<0.6m)	
电容器	套管	套管	破损	外壳有裂纹(撕裂)或破损	严重破损
			污秽	有明显放电	表面有严重放电痕迹
			温度异常	电气连接处 80℃<实测温度≤90℃或30K<相间温差≤40K	电气连接处实测温度大于90℃或相间温差大于40K
			绝缘电阻不合格		绝缘电阻折算到20℃时,小于2000MΩ
	电容器本体	电容器本体	温度异常	50℃<实测温度≤55℃	实测温度大于55℃
			有异声	有异声	—
			渗漏		渗漏、鼓肚严重
			锈蚀	严重锈蚀	—
			电容量超标		电容值偏差超出出厂值或交接值的-5%~+5%范围(警示值)
	熔断器	熔断器	破损	外壳有裂纹(撕裂)或破损	严重破损
			温度异常	电气连接处 80℃<实测温度≤90℃或30K<相间温差≤40K	电气连接处实测温度>90℃或相间温差>40K
			污秽	有明显放电	表面有严重放电痕迹
	控制机构	控制机构	操作不正确	1 次操作不正确	连续2次及以上操作不成功
			显示错误	控制器有 3 个及以上显示错误	
			锈蚀	严重锈蚀	
	接地	接地引下线	锈蚀	中度锈蚀(大于截面直径或厚度的20%,小于30%)	严重锈蚀(大于截面直径或厚度的30%)
			连接不良	连接松动、接地不良	出现断开、断裂
			截面积不足	截面积不满足要求	
		接地体	埋深不足	埋深不足(耕地,<0.8m;非耕地,<0.6m)	—
	标识	标识	标识错误	设备标识、警示标识错误	—
高压计量箱	绕组及套管	绕组及套管	破损	有裂纹(撕裂)或破损	严重破损
			污秽	有明显放电	表面有严重放电痕迹
			温度异常	电气连接处80℃<实测温度≤90℃或30K<相间温差≤40K	电气连接处实测温度大于90℃或相间温差大于40K
			绝缘电阻不合格	二次绝缘电阻折算到20℃时,小于1MΩ	一次绝缘电阻折算到20℃时,小于1000MΩ

续表

设备类别	设备部件	缺陷部位	缺陷内容	缺陷程度	
				严重缺陷	危急缺陷
高压计量箱	油箱（外壳）	油箱（外壳）	渗油	严重渗油	漏油（滴油）
			锈蚀	严重锈蚀	
	接地	接地引下线	锈蚀	中度锈蚀（大于截面直径或厚度的20%，小于30%）	严重锈蚀（大于截面直径或厚度的30%）
			连接不良	连接松动、接地不良	出现断开、断裂
			截面积不足	截面积不满足要求	
		接地体	埋深不足	埋深不足（耕地，<0.8m；非耕地，<0.6m）	—
	标识	标识	标识错误	设备标识、警示标识错误	—
配电变压器	绕组及套管	高、低压套管	破损	外壳有裂纹（撕裂）或破损	严重破损
			污秽	污秽严重，有明显放电（户外变压器）；有明显放电痕迹（户内变压器）	有严重放电（户外变压器）；有严重放电痕迹（户内变）
			绕组直流电阻不合格	—	1.6MVA以上的配电变压器相间直流电阻大于三相平均值的2%或线间直流电阻大于三相平均值的1%；1.6MVA及以下的配电变压器相间直流电阻大于三相平均值的4%或线间直流电阻大于三相平均值的2%
			绝缘电阻不合格	绕组及套管绝缘电阻与初始值相比降低30%及以上	—
		导线接头及外部连接	断股	截面损失达7%以上，但小于25%	截面损失达25%以上
			松动	—	线夹与设备连接平面出现缝隙，螺栓明显脱出，引线随时可能脱出
			损坏	—	线夹破损断裂严重，有脱落的可能，对引线无法形成紧固作用
			温度异常	电气连接处80℃<实测温度≤90℃或30K<相间温差≤40K	电气连接处实测温度大于90℃或相间温差大于40K
			标识错误	设备标识、警示标识错误	—
		高、低压绕组	声音异常	声响异常	—
			三相不平衡	YynO接线三相不平衡率大于30%；Dynll接线三相不平衡率在大于40%	—
	分接	分接	器身温度过高	干式变压器器身温度超出厂家允许值的20%	—
	开关	开关	卡涩	机构卡涩，无法操作	—
	冷却系统	温控装置	故障	温控装置无法启动	—
		风机	故障	风机无法启动	—

续表

设备类别	设备部件	缺陷部位	缺陷内容	缺陷程度	
				严重缺陷	危急缺陷
配电变压器	油箱	油箱本体	渗油	严重渗油	漏油（滴油）
			锈蚀	严重锈蚀	—
			温度过高	配电变压器上层油温超过95℃或温升超过55K	—
		油位计	油位异常		油位不可见、油位计破损
		呼吸器	硅胶筒玻璃破损	硅胶筒玻璃破损	—
			硅胶变色	硅胶潮解全部变色	—
	非电量保护	波纹连接管	变形破损	波纹连接管变形	波纹连接管破损
		温度计	破损	温度计指示不准确或看不清楚；温度计破损	—
		气体继电器	有气体	瓦斯气体继电器中有气体	—
		压力释放阀	破损	—	防爆膜破损
		二次回路	二次回路绝缘电阻不合格	二次回路绝缘电阻小于1MΩ	—
		电气监测装置	故障	电气监测装置故障	
	接地	接地引下线	锈蚀	中度锈蚀（大于截面直径或厚度的20%，小于30%）	严重锈蚀（大于截面直径或厚度的30%）
			连接不良	连接松动、接地不良	出现断开、断裂
			截面不足	截面不满足要求	
		接地体	埋深不足	埋深不足（耕地，<0.8m；非耕地，<0.6m）	—
		接地电阻	接地电阻不合格	接地电阻不合格（容量100kVA及以上配电变压器接地电阻大于4Ω，容量100kVA以下配电变压器接地电阻大于10Ω）	—
	绝缘油	绝缘油	绝缘油不合格	—	耐压试验不合格小于25kV
	标识	标识	标识错误	设备标识、警示标识错误	—
开关柜	本体	开关	污秽	有明显放电	表面有严重放电痕迹
			破损	外壳有裂纹（撕裂）或破损	严重破损
			机械指示异常	位置指示有偏差	位置指示相反，或无指示
			设备异响	存在异常放电声音	存在严重放电声音

续表

设备类别	设备部件	缺陷部位	缺陷内容	缺陷程度	
				严重缺陷	危急缺陷
开关柜	本体	开关	带电检测数据异常	带电检测局部放电测试数据异常	—
			压力释放通道失效	压力释放通道失效	—
			温度异常	电气连接处 80℃＜实测温度≤90℃或30K＜相间温差≤40K	电气连接处实测温度大于90℃或相间温差大于40K
			SF₆气仪表指示异常	气压表在告警区域范围	气压表在闭锁区域范围
			绝缘电阻不合格	绝缘电阻折算到20℃下，小于400MΩ	绝缘电阻折算到20℃下，小于300MΩ
			主回路直流电阻不合格	主回路直流电阻试验数据与初始值相差不小于100%	—
	附件	互感器	污秽	有明显放电	表面有严重放电痕迹
			绝缘电阻不合格	—	绝缘电阻折算到20℃下，一次小于1000MΩ，二次小于1MΩ
			破损	外壳有裂纹（撕裂）或破损	严重破损
		避雷器	污秽	—	表面有严重放电痕迹
			接线方式不对	接线方式不符合运行要求且未做警示标识	
			绝缘电阻不合格	—	绝缘电阻折算到20℃下，一次小于1000MΩ
		控制器	加热器、温湿度控制器、故障指示器	无法运行或运行异常	—
		熔断器	破损	有裂纹（撕裂）或破损	严重破损
		绝缘子	污秽	有明显放电	表面有严重放电痕迹
			破损	外壳有裂纹（撕裂）或破损	严重破损
		母线	绝缘电阻不合格	—	绝缘电阻折算到20℃下，一次小于1000MΩ
	操动系统及控制回路	操动机构	机构老化、卡位	发生拒动、误动	—
		分合闸线圈	损毁	—	无法正常运行
	辅助部件	二次回路	二次回路异常	机构控制或辅助回路绝缘电阻小于1MΩ	脱线、断线
		端子	裂纹	破损、缺失	—
		联跳功能	异常	回路中三相不一致	熔丝联跳装置不能使负荷开关跳闸

续表

设备类别	设备部件	缺陷部位	缺陷内容	缺陷程度	
				严重缺陷	危急缺陷
开关柜	辅助部件	"五防"装置	故障	装置故障	—
		带电显示器	异常	显示异常	—
		仪表	指示失灵	2处以上表计指示失灵	—
	接地	接地引下线	锈蚀	中度锈蚀（大于截面直径或厚度的20%，小于30%）	严重锈蚀（大于截面直径或厚度的30%）
			连接不良	连接松动、接地不良	出现断开、断裂
			截面积不足	截面积不满足要求	—
		接地体	埋深不足	埋深不足（耕地，<0.8m；非耕地，<0.6m）	—
	标识	标识	标识错误	设备标识、警示标识错误	—
电缆线路	电缆本体	电缆本体	主绝缘电阻异常	耐压试验前后，主绝缘电阻值下降，可短期维持运行	耐压试验前后，主绝缘电阻值严重下降，无法继续运行
			埋深不足	埋深量不能满足设计要求且没有任何保护措施	—
			破损、变形	电缆外护套严重破损、变形	—
			防火阻燃	交叉处未设置防火隔板	—
	电缆终端	电缆终端	温度异常	电气连接处 80℃<实测温度≤90℃或30K<相间温差≤40K；	电气连接处实测温度>90℃或相间温差>40K
			破损	有裂纹（撕裂）或破损	严重破损
			污秽	有明显放电	表面有严重放电痕迹
			防火阻燃	无防火阻燃及防小动物措施	—
	电缆中间接头	电缆中间接头	破损	有裂纹（撕裂）或破损	严重破损
			浸水	被污水浸泡、杂物堆压，水深超过1m	—
			锈蚀	底座接头腐蚀进展快，表面出现腐蚀物沉积，受力部位截面明显变小	—
	接地系统	接地引下线	防火阻燃	无防火阻燃措施	—
			温度异常	相间温差异常	—
			锈蚀	中度锈蚀（大于截面直径或厚度的20%，小于30%）	严重锈蚀（大于截面直径或厚度的30%）
			连接不良	连接松动、接地不良	出现断开、断裂
			截面积不足	截面积不满足要求	—
		接地体	埋深不足	埋深不足（耕地，<0.8m；非耕地，<0.6m）	—

续表

设备类别	设备部件	缺陷部位	缺陷内容	缺陷程度	
				严重缺陷	危急缺陷
电缆线路	电缆通道	电缆井、电缆管沟	基础破损下沉	基础有较大破损、下沉,离本体、触头或者配套辅助设施还有一定距离	基础有严重破损、下沉,造成井盖压在本体、触头或配套辅助设施上
			井盖	井盖不平整、有破损,缝隙过大	井盖缺失
			积水	井内积水浸泡电缆或有杂物影响设备安全	—
			可燃气体	—	井内有可燃气体
		电缆排管	破损	有较大破损对电缆造成损伤	—
		电缆隧道	坍塌	塌陷、严重沉降、错位	—
		隧道竖井	井盖损坏	井盖多处损坏	井盖缺失
			爬梯损坏	爬梯锈蚀严重	—
		电缆线路保护区	外破	施工影响线路安全	施工危及线路安全
			土壤流失	土壤流失造成排管包方、工井等大面积暴露	土壤流失造成排管包方开裂,工井、沟体等墙体开裂甚至凌空的
	辅助设施	辅助设备	锈蚀	严重锈蚀	—
			牢固	严重松动、不紧固	—
电缆分支(接)箱	本体	母线	温度异常	电气连接处 80℃<实测温度≤90℃或30K<相间温差≤40K	电气连接处实测温度大于90℃或相间温差大于40K
			绝缘电阻异常	绝缘电阻折算到 20℃下,<400MΩ	绝缘电阻折算到20℃下,<300MΩ
		绝缘子	污秽	有明显放电	表面有严重放电痕迹
			放电声	存在异常放电声音	存在连续放电声音
			绝缘电阻异常	绝缘电阻折算到 20℃下,小于 400MΩ	绝缘电阻折算到20℃下,小于300MΩ
			破损	表面有破损	表面有严重破损
			凝露	出现大量露珠	
		避雷器	污秽	有明显放电	表面有严重放电痕迹
			连接不良	连接不可靠,有脱落可能	连接不可靠,短时即有脱落可能
			绝缘电阻	—	20℃时绝缘电阻小于1000MΩ
	辅助部件	带电显示器	显示异常	显示异常	—
		"五防"装置	功能失灵	装置故障	—
		防火设备	防火阻燃	无防火措施	—
		外壳	裂纹、锈蚀	有漏水现象;严重锈蚀	—

续表

设备类别	设备部件	缺陷部位	缺陷内容	缺陷程度	
				严重缺陷	危急缺陷
电缆分支（接）箱	接地	接地引下线	锈蚀	中度锈蚀（大于截面直径或厚度的20%，小于30%）	严重锈蚀（大于截面直径或厚度的30%）
			连接不良	连接松动、接地不良	出现断开、断裂
			截面积不足	截面积不满足要求	—
		接地体	埋深不足	埋深不足（耕地，<0.8m；非耕地，<0.6m）	—
	标识	标识	标识错误	设备标识、警示标识错误	—
构筑物及外壳	本体	屋顶、外体	渗漏	有明显裂纹	—
		门窗	破损	窗户及纱窗严重破损	—
			防小动物	防小动物措施不完善，无防鼠挡板	—
		楼梯	破损	严重锈蚀、破损	—
	基础	内部	积水、杂物	井内积水浸泡电缆或有杂物危及设备安全	—
		外观	基础下沉	破损严重或基础下沉可能影响设备安全运行	—
	接地	接地引下线	锈蚀	中度锈蚀（大于截面直径或厚度的20%，小于30%）	严重锈蚀（大于截面直径或厚度的30%）
			连接不良	连接松动、接地不良	出现断开、断裂
			截面积不足	截面积不满足要求	—
		接地体	埋深不足	埋深不足（耕地，<0.8m；非耕地，<0.6m）	—
	通道	运行通道	杂物	通道内违章建筑及堆积物影响设备安全运行	—
	辅助设施	灭火器	不完整	过期或缺少	—
		照明装置	不完整	不完整	—
		SF₆泄漏监测装置	动作不可靠	SF₆设备的建筑内缺少监测装置或监测装置动作不可靠	—
		排风装置	缺失	缺少强排风装置	—
		排水装置	缺失	地面以下设施无排水装置或排水措施不当	—
		标识	标识错误	设备标识、警示标识错误	—

续表

设备类别	设备部件	缺陷部位	缺陷内容	缺陷程度	
				严重缺陷	危急缺陷
配电自动化终端	自动化装置	自动化装置	回路故障	电压或电流回路故障引起相间短路	—
			电源异常	交直流电源异常	—
			指示异常	指示灯信号异常	—
			通信异常	通信异常，无法上传数据	—
			装置故障	装置故障引起遥测、遥信信息异常	—
	辅助设施	辅助设施	端子松动	端子排接线部分接触不良	—
二次保护装置	二次回路	二次回路	回路故障	通信中断	开路；短路、断线
				端子排松动、接触不良	—
	保护装置	保护装置	设备异常	不能复归	装置黑屏
				对时不准	频繁重启
				操作面板损坏	交直流电源异常
				指示灯信号异常	—
				备自投装置故障	—
				显示异常	—
	直流装置	直流装置	运行异常	交流电源故障、失电	直流接地，对地绝缘电阻小于 10MΩ
				蓄电池容量不足	—
				直流电源箱、直流屏指示灯信号异常	—
				蓄电池鼓肚、渗液	—
				蓄电池电压异常	—
				蓄电池浮充电流异常	—
				10MΩ≤对地绝缘电阻＜100MΩ	—
				充电模块故障	—
				装置黑屏、花屏	—

三、缺陷的处置

缺陷、隐患处理过程应实行闭环管理。流转的主要流程包括发现缺陷—缺陷建档—上报管理部门—安排检修计划—检修消缺—运行验收。同时，还应及时向上级汇报各类缺陷情况。缺陷、隐患管理的各个环节必须做到分工明确、责任到人。

各缺陷管理环节应根据《国家电网公司电网设备缺陷管理规定》〔国网（运检/3）297—2014〕规定，及时履行缺陷建档、上报、审批、处理、验收、考核流

供电企业专业技能培训教材

配电网运维与检修

程。缺陷管理流程如图 8-4 所示。

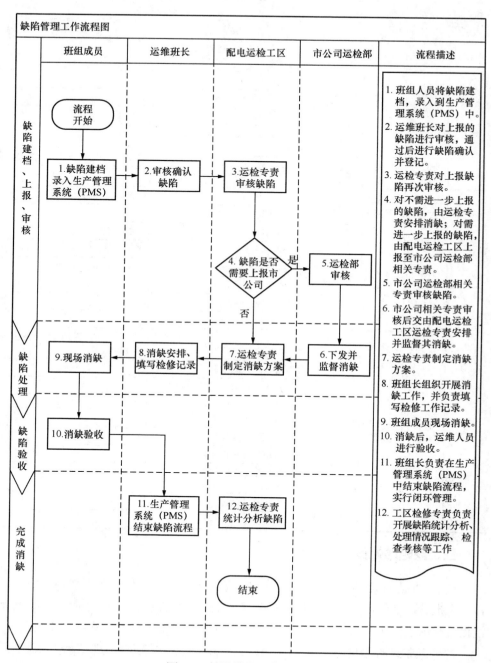

图 8-4　缺陷管理工作流程图

四、消缺要求

根据缺陷严重程度开展及时消缺管理，确保设备状态可控。设备带缺陷或隐患运行期间，运维单位应加强监视，必要时制定相应应急措施。

1. 危急缺陷

发现危急缺陷后应立即采取临时安全措施；对危及设备和人身安全的缺陷、隐患，可在能力所及范围内和保证自身安全的前提下，隔离故障点，留守现场直到抢修人员到达。危急缺陷、隐患必须在 24h 内消除或采取必要安全技术措施进行临时处理。紧急处理完毕后，1 个工作日内将缺陷、隐患处理情况补录至生产管理系统（PMS 系统）中。

2. 严重缺陷

发现严重缺陷后，应在 1 个工作日内将缺陷、隐患信息录入生产管理系统（PMS 系统），在 30 天内采取措施安排处理消除，防止事故发生，消除前应加强监视。

3. 一般缺陷

发现一般缺陷后，应在 3 个工作日内将缺陷信息录入生产管理系统（PMS 系统），可列入年、季度检修计划或日常维护工作中消除，不需要停电和可不停电作业处理的一般缺陷应在 6 个月内消除，需停电的一般缺陷可在 1 年内结合检修计划消除，但应处于可控状态。

五、消缺验收

缺陷处理后，启动验收流程。验收合格后，将处理情况和验收意见录入生产管理系统（PMS 系统），并开展设备状态评价，修订设备检修决策，完成缺陷处理流程的闭环管理。

六、隐患处置

超出消缺周期仍未消除的设备危急缺陷和严重缺陷，即为安全隐患。被判定为安全隐患的设备缺陷，应继续按照设备缺陷管理规定进行处理，同时纳入安全隐患管理流程进行闭环督办，具体流程如图 8-5 所示。各单位应按公司配电部配电网设备隐患排查相关要求，推进配电网隐患排查治理工作常态化。

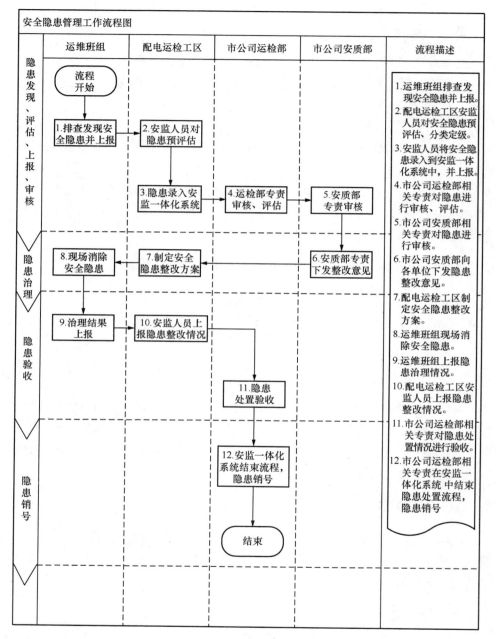

图 8-5 安全隐患管理工作流程图

配电网隐患排查应按以下内容与方法开展：

（1）追溯设备在设计、出厂、现场安装调试、验收阶段存在的隐患。

（2）排查设备的运行工况异常以及运行巡视管理中存在的隐患。

（3）排查设备的检修试验结果异常情况、试验项目完整情况、试验周期是否满足要求等隐患。

（4）隐患排查应通过查阅相关资料进行排查，主要包括查阅设备出厂资料，设备运行现场实地查看，查看设备运行规范、巡视记录、运行工况，查看设备检修记录、试验报告。

（5）隐患排查应结合巡视检查、带电检测、在线监测、停电试验、维护检修、专项隐患排查工作等开展。

定期排查周期一般为 1 年 1 次，动态排查根据设备运行情况和特殊时期进行。

运检单位应每月开展隐患的统计、分析和报送工作，及时掌握隐患消除情况和产生原因，采取针对性措施。

七、家族缺陷

经确认由于制造厂设计、材质、工艺等同共性因素导致的设备缺陷或隐患称为家族缺陷。如某设备出现家族缺陷，则具有同一设计、和/或材质、和/或工艺的其他设备，不论其当前是否可检出同类缺陷，在这种缺陷或隐患被消除之前，都称为家族缺陷设备。对配电网设备家族缺陷管理参照《湖北省电力公司家族缺陷管理办法（试行）》执行。

八、统计分析

各单位应定期开展缺陷与隐患的统计、分析和报送工作，及时掌握缺陷与隐患的产生原因和消除情况，有针对性制定应对措施和应急预案。

九、检查考核

各单位应通过生产管理系统（PMS 系统）实用化模块—缺陷管理模块，定期对缺陷管理情况进行检查、统计和考核。缺陷管理检查考核内容包括缺陷记录数、缺陷录入及时率、缺陷记录完整性、缺陷与任务单关联率、危急缺陷消除及时率等内容。

第九章 配电网设备退役

第一节 设备退役的一般要求

一、设备退役基本原则

依据国家电网有限公司电网实物资产退役管理规定要求，设备退役管理按照"实时上报、专业鉴定、集中处置"的总体原则，任何部门、单位或个人不得违规私自进行处置。运维单位应根据生产计划及设备故障情况提出配电设备退役申请。退役设备应进行技术鉴定，出具技术鉴定报告，明确退役设备处置方式。拟退役设备处置方式包括备用、停运、报废。再利用设备主要包括配电变压器、开关柜、配电柜、柱上负荷开关和电缆，箱式变电站处理参照配电变压器、开关柜、配电柜处置，其他再利用成本高、拆装中易损伤设备以报废为主。

二、退役设备资料清理

再利用设备应提供设备退出运行前的运行、检修、试验等资料和退出运行后检修试验资料。确定退役的设备应及时从现场清除，并由工程组织单位负责按政府及公司的相关要求组织对退役电杆、设备基础、设备电源、设备上的搭挂物等进行处置，避免遗留可能引发人身伤害或线路故障的问题。如因特殊原因暂不能拆除的设备，由工程组织单位提供书面说明材料，明确运维方案并由其负责实施。

第二节 设备退役的处理流程

一、设备退役申请基本条件

设备主要结构、机件陈旧、损坏严重、技术性能或安全性能不满足电网运行要求，经鉴定大修后也不能满足安全生产需要，或虽然能修复但经济性差；淘汰产品、无零配件供应、不能利用和修复；严重污染环境或存在严重质量问题；故障后无法修复，具体执行规定见表 9-1。

表 9-1　　　　　　　　　　设备报废与再利用条件表

设备类型	申请报废条件（满足其一）	再利用注意事项
配电变压器	高损耗、高噪声配电变压器	
	抗短路能力不足的配电变压器	
	存在家族性缺陷不满足反措要求的配电变压器	
	本体存在缺陷、发生严重故障、绝缘老化严重、渗漏油严重等，无零配件供应，无法修复或修复成本过大的配电变压器	
开关柜、配电柜	腐蚀或变形严重，影响机械、电气性能的开关柜、配电柜	可用于额定电流、额定短时耐受电流小、系统中重要性较低的终端型环网单元、无重要用户的配电室
	因型号不同，柜体差别较大，兼容性差的开关柜、配电柜	可用于紧急故障处理及临时性负荷转移工作，但需及时更换
	因设计原因，存在严重缺陷，无零配件供应，无法修复或修复成本过大的开关柜、配电柜	可拆解合格部件用于应急抢修，做好拆解记录
柱上断路器、负荷开关	充油开关设备	不予以再利用
	腐蚀严重，机械、电气性能达不到设计要求的开关设备	不予以再利用
	存在家族性缺陷不满足反措要求的开关设备	不予以再利用
	本体存在缺陷、发生严重故障、绝缘老化严重等，无零配件供应，无法修复或修复成本过大的断路器设备	不予以再利用
电缆设备	油纸绝缘电缆	再利用的电缆不能应用于重要用户外电源
	经试验证明绝缘老化	直埋敷设的电缆，由运维单位出具说明，可不拆除
	电缆耐压、局部放电检测、绝缘电阻等试验不合格	非直埋敷设的电缆，应进行保护性拆除，拆除后应将电缆盘上电缆轴，电缆端头应用防水热缩帽密封，并放置于电缆轴外侧，电缆接头应拆除
	电缆铜屏蔽和钢铠严重锈蚀	可用于紧急故障处理及临时性负荷转移工作，但需及时更换

二、主要设备退役具体条件

1. 配电变压器处置

符合条件之一的应以报废方式处置，否则可以再利用。高损耗、高噪声配电变压器；抗短路能力不足的配电变压器；存在家族性缺陷不满足反措要求的配电变压器；本体存在缺陷、发生严重故障、绝缘老化严重、渗漏油严重等，无零配件供应，无法修复或修复成本过大的配电变压器。

2. 开关柜、配电柜处置

符合条件之一的应以报废方式处置，否则可以再利用。腐蚀或变形严重，影响机械、电气性能的开关柜、配电柜；因型号不同，柜体差别较大，兼容性差的开关柜、配电柜；因设计原因，存在严重缺陷，无零配件供应，无法修复或修复成本过大的开关柜、配电柜。

3. 柱上断路器处置

符合条件之一的应以报废方式处置，否则可以再利用。充油开关设备；腐蚀严重，机械、电气性能达不到设计要求的开关设备；存在家族性缺陷不满足反措要求的开关设备；本体存在缺陷、发生严重故障、绝缘老化严重等，无零配件供应，无法修复或修复成本过大的断路器设备。

4. 电缆设备处置

符合条件之一的应以报废方式处置，否则可以再利用。油纸绝缘电缆；经试验证明绝缘老化；电缆耐压、局部放电检测、绝缘电阻等试验不合格；电缆铜屏蔽和钢铠严重锈蚀。

三、设备退役技术鉴定

技术鉴定是指依据相关技术标准、反事故措施等要求，参考状态评价结果，采用技术手段对拟退役电网实物资产进行鉴定，并明确再利用或报废等处置意见。

各运维单位实物资产管理部门应组建技术鉴定专家队伍，专家队伍按照"分级分专业"的原则开展技术鉴定工作并出具拟退役资产技术鉴定表，必要时附佐证材料。拟退役主要资产清单及拟退役主要资产技术鉴定表应纳入项目可行性研究报告或项目建议书，拆除、运输等相关费用估算在项目可研评审时同步审查。

四、设备退役计划编制

电网实物资产退役计划以电网建设、生产技改、零星购置等工程项目可研报告中的拟退役资产清单为主要编制依据。退役计划应明确退役电网实物资产的处置方式。

公司年度综合计划下达前，运维单位实物资产管理部门组织项目管理部门及使用保管单位编制年度电网实物资产退役计划建议表并报运检部门汇总，运检部门汇总后形成本单位电网实物资产退役计划表，作为财务部门编制年度预算的依据。退役计划可结合实际执行情况随年度综合计划一并调整。项目管理部门根据项目调整、实施进度等情况，组织提供退役计划变更支撑材料。

项目管理部门、运维单位应依据退役计划做好关键节点管控，电网实物资产管理部门定期督导退役计划执行情况。

五、设备退役审批

运维单位实物资产管理部门依据退役计划中的处置方式开展审批工作。其中鉴定为可再利用的，应办理可用退役资产移交手续；鉴定为报废的，应及时履行相应报废审批程序。

由本单位使用保管单位与实物资产管理部门、财务部门核对后，填写固定资产报废审批表，履行内部审批程序后，报送财务部门办理退役电网实物资产清理手续。

涉及配电线路、组合设备、生产特种车辆等电网实物资产局部报废的，由使用保管单位估算局部报废资产占主资产的实物量比例，经实物资产管理部门、财务部门审核确认后，使用保管单位填写固定资产局部报废审批表，办理相关审批手续。

委托运维及租赁电网实物资产报废的，由代维方填写固定资产报废审批表中设备信息，并报出资方。出资方审核并补充报废电网实物资产信息后，办理报废审批手续。

各单位应及时开展电网实物资产报废审批工作，原则上在电网实物资产拆除后两个月内完成报废审批手续。

六、退役资产拆除、移交

项目管理部门依据项目初设批复，组织编制退役资产拆除计划，拆除计划应经项目管理部门、实物资产管理部门、使用保管单位共同确认。

项目管理部门应依据退役资产拆除计划，与施工单位办理交底手续，施工单位应严格按照计划实施。对技术鉴定为再利用的应实施保护性拆除。

退役资产拆除后，由项目管理部门组织编制退役资产拆除计划执行情况表，实物资产管理部门、使用保管单位、项目管理部门、监理单位（如有）、施工单位共同验收盘点实拆情况。拆除资产应足额回收，若实拆与应拆存在差异，项目管理部门组织提供支撑证明资料。验收盘点完成后，项目管理部门按照退役资产移交明细表与物资部门办理实物移交及入库手续。退役资产入库后,项目管理部门将签字确认后的退役资产移交明细表报实物资产管理部门备案。

因特殊情况无法及时完成报废审批手续的,包括代维电网实物资产处置、项目变更、应急等情况,实物资产管理部门提出暂存保管需求,经本单位分管领导审批后,依据技术鉴定结果与物资部门办理报废资产暂存保管申请表,原则上入库后三个月内完成报废审批办理。

项目管理部门、财务部门、实物资产管理部门、物资部门、使用保管单位应加强协调配合,优先采用现场处置方式实施,报废审批手续应在现场处置前完成。

第三节 退役物资管理要求

一、一般要求

规范开展废旧物资管理,合理利用现有物资资源,防止国有资产流失,强化废旧物资全流程的监督管控。退役处理的各个环节应实行闭环管理,主要流程包括退役设备申请、编制年度退役计划、预算管理、物资鉴定、审批、入库、台账修改、物资处置等,各环节申请、验收及审批单应依据《国家电网有限公司废旧物资管理办法》等上级专业管理单位下发规定,进行填报,退役处置流程如图 9-2 所示。

二、退役物资回收

废旧物资均应入库存放后集中处置,库存地点可以是公司所属各注册实体仓库或设专人管理的临时存放点。废旧物资有其他特殊处置要求的,其处置方式由实物资产管理部门按要求办理。无任何经济价值的废旧物资,如混凝土杆、绝缘子等,由资产单位按照按垃圾分类处置。应急抢险工程项目竣工后,实物管理部门应向物资管理部门移交废旧物资,并保证回收废旧物资与调拨应急物资的数量、规格基本相符。

三、退役资产安全管理

废旧物资管理过程必须严格按照公司安全生产的有关规定进行操作。废旧物资保管单位应做好工作现场或集中堆放废旧物资的防火、防洪、防盗、防损、防破坏、防环境污染等安全工作。废弃危险品和化学品在处置时应依照《中华人民共和国固体废物污染环境防治法》《危险化学品安全管理条例》等国家法律、法规、规章执行。

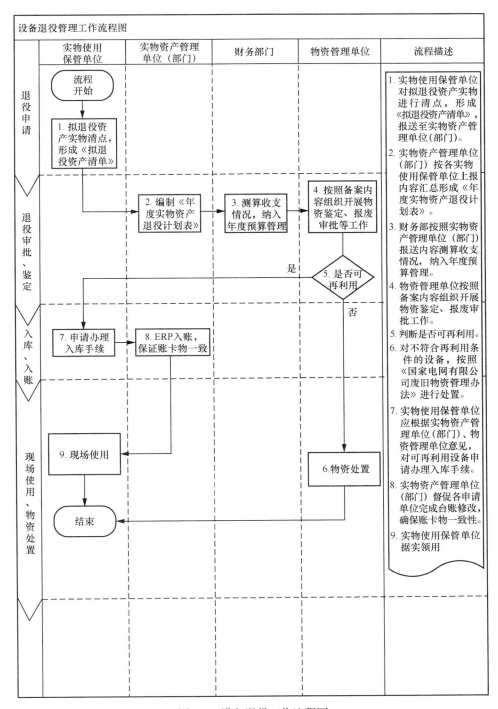

图 9-2 设备退役工作流程图

参 考 文 献

[1] 中国电力企业联合会. 电气装置安装工程　电气设备交接试验标准. 北京：中国计划出版社，2016.

[2] 中国电力企业联合会. 电气装置安装工程　电缆线路施工及验收规范. 北京：中国计划出版社，2006.

[3] 国家电网公司. 城市配电网技术导则. 北京：中国电力出版社，2009.

[4] 国家电网公司. 配网设备状态检修试验规程. 北京：中国电力出版社，2011.

[5] 国家电网公司. 配网设备状态检修导则. 北京：中国电力出版社，2011.

[6] 国家电网公司. 配网设备状态评价导则. 北京：中国电力出版社，2011.

[7] 国家电网公司. 配电网设备缺陷分类标准. 北京：中国电力出版社，2012.

[8] 国家电网公司. 电力电缆及通道运维规程. 北京：中国电力出版社，2014.

[9] 国家电网公司. 配电网运维规程. 北京：中国电力出版社，2014.

[10] 国家电网公司. 配电网检修规程. 北京：中国电力出版社，2014.

[11] 国家湖北省电力有限公司. 国网湖北省电力有限公司两票实施细则. 北京：中国电力出版社，2022.

[12] 国家电网公司. 电网实物资产退役管理规定. 北京，中国电力出版社，2018.

[13] 国家电网公司. 配电网技改大修项目交接验收技术规范. 北京，中国电力出版社，2012.

[14] 国家电网公司. 电力电缆及通道运维规程. 北京，中国电力出版社，2014.

[15] 国家电网公司. 配电电缆线路试验规程. 北京，中国电力出版社，2019.